高等学校应用型"十二五"规划教材·计算机类

Java 网络程序设计

朱辉　蒋理　李刚　编著
朱儒荣　主审

西安电子科技大学出版社

内 容 简 介

本书为高等学校计算机专业"十二五"规划教材,主要介绍怎样利用 Java 语言进行网络程序设计。全书共分为 11 章。第 1～3 章介绍网络编程与 Java 语言的基本概念,其中,第 1 章介绍计算机网络和网络编程的概念;第 2 章介绍 Java 语言基础知识;第 3 章介绍 Java 用于网络的各种输入与输出。第 4～6 章介绍 Java 网络编程的基础技术,其中,第 4 章介绍用于主机名与 IP 对应的 InetAddress 类和用于资源定位的 URL 类;第 5 章介绍端口与套接字的概念、TCP Socket 类应用和多线程设计;第 6 章介绍数据传播的三种方式、UDP Socket 类应用和组播应用的实现。第 7～9 章介绍实用的 Java 网络编程技术,其中,第 7 章介绍对象序列化;第 8 章介绍 Java 安全体系结构,包括加/解密、签名和安全套接层等;第 9 章介绍 RMI 技术。第 10 章介绍 JDBC 和 MySQL。第 11 章介绍 Java 网络编程的常用工具。因为篇幅的限制,全书的例程均未采用 GUI 编程。

本书可作为高等院校计算机软件、计算机网络、计算机信息、电子商务、通信工程等专业学生的教材,也可作为 Java 网络编程初学者的自学参考书。本书配有电子教案和实例源代码以及相关的工具软件,有需要者可登录西安电子科技大学出版社网站(www.xduph.com)下载。

图书在版编目(CIP)数据

Java 网络程序设计/朱辉等编著. —西安:西安电子科技大学出版社,2012.8 (2014.10 重印)
高等学校应用型"十二五"规划教材
ISBN 978–7–5606–2891–2

Ⅰ. ① J… Ⅱ. ① 朱… Ⅲ. ① JAVA 语言—程序设计—高等学校—教材 Ⅳ. ① TP312

中国版本图书馆 CIP 数据核字(2012)第 173033 号

策　　划	李惠萍　高维岳
责任编辑	李惠萍
出版发行	西安电子科技大学出版社(西安市太白南路 2 号)
电　　话	(029)88242885　88201467　邮　编　710071
网　　址	www.xduph.com　　　电子邮箱　xdupfxb001@163.com
经　　销	新华书店
印刷单位	陕西华沐印刷科技有限责任公司
版　　次	2012 年 8 月第 1 版　　2014 年 10 月第 2 次印刷
开　　本	787 毫米×1092 毫米　1/16　印张 13.5
字　　数	315 千字
印　　数	3001～6000 册
定　　价	23.00 元

ISBN 978 – 7 – 5606 – 2891 – 2 / TP · 1366

XDUP 3183001-2

*** 如有印装问题可调换 ***

前　言

Java 语言是主流的计算机网络程序设计语言。它是由 C/C++ 语言发展而来的，具有面向对象技术、半编译半解释的运行方式、不依赖于计算机操作系统和源代码开放等特点，很容易为广大程序开发者和学生所接受。Java 自诞生以来便最大限度地与计算机网络应用相结合，如 Applet、Servlet、Socket、RMI、JDBC、JSP、EJB 等。

本书内容弥补了当前 Java 类教材中只注重 Java 基础语法和 Web 应用设计的缺憾，专门收集和整理了 Java 网络编程的基础知识，以消息传输系统为核心展开论述。本书的编写本着由浅入深、循序渐进的原则，精心组织。考虑到学生的知识结构和逻辑思维能力，对于重点知识，书中通过大量的例程加以阐述，力求做到通俗易懂、言简意赅。读者在阅读本书之前要具有 Java 语言或者 C/C++语言的学习经历，因为本书只用很少的篇幅介绍了 Java 语言的基础语法。

各章具体内容介绍如下：

第 1 章介绍当前计算机网络发展情况，网络编程的基础概念，以及 Java 与网络编程的关系。

第 2 章为了避免与其他 Java 类教材重复，简单地介绍 Java 语言的基础语法、Java 与面向对象以及 Java 异常处理机制等。

第 3 章介绍在 Java 网络编程中所使用的输入与输出流，包括文件操作、基础输入流和输出流、文件压缩和 XML 解析等。

第 4 章介绍网络编程中的资源定位，包括实现主机名和 IP 地址对应的 InetAddress 类、网络资源统一定位 URL 类，以及在 WWW 下载过程中可能会遇到的字符编码问题等。

第 5 章介绍端口和套接字的概念，如何使用 Netstat.exe 查看本地端口的使用情况，TCP Socket 中的 ServerSocket 类和 Socket 类的用法，以及多线程在网络编程中的应用。

第 6 章介绍单播、广播和组播的概念，UDP Socket 中的 DatagramSocket 类和 DatagramPacket 类的用法，D 类多播地址，以及使用 UDP 如何实现多播。

第 7 章介绍序列化/反序列化的概念。

第 8 章介绍如何在开放式的网络中进行信息保护，包括 JCE 的概念、DSA 的概念和安全套接层 SSL 的概念。

第 9 章介绍利用 Java 如何实现分布式计算的 RMI 技术。

第 10 章介绍利用 Java 访问数据的主要方法，包括 SQL 的概念、MySQL 数据库的应用以及 JDBC 的用法。

第 11 章列出在本书中所使用的编写、编译和测试软件。

本书具体编写分工如下：第 1-3 章由蒋理编写；第 4-7 章由李刚编写；其余部分由朱辉编写。全书由朱辉统稿，朱儒荣教授审稿并提出修改意见。

本书可作为高等院校计算机软件、计算机网络、计算机信息、电子商务、通信工程等专业学生的教材，也可作为 Java 网络编程初学者的自学参考书。

在编写本书过程中，参考了大量文献，在此向这些文献的作者表示衷心的感谢。

本书配有课件和实例源代码以及相关的工具软件，需要者可从西安电子科技大学出版社网站下载。在使用过程中如遇问题或者有好的建议，请与作者联系(E-mail: zhui@xupt.edu.cn)。

由于时间仓促，加之水平有限，书中难免存在不妥之处，恳请广大读者指正。

朱　辉
2012 年 6 月于西安

目 录

第 1 章 绪论 ... 1
1.1 计算机网络 ... 1
1.1.1 计算机网络的概念 ... 1
1.1.2 TCP/IP 体系结构 ... 2
1.2 网络编程 ... 4
1.2.1 网络编程的概念 ... 4
1.2.2 C/S 架构和 B/S 架构 ... 5
1.2.3 C/S 架构与 B/S 架构的区别 ... 7
1.2.4 P2P 的概念 ... 7
1.3 Java 与网络编程 ... 8
1.3.1 Java 语言 ... 8
1.3.2 Java 网络编程 ... 9
习题 1 ... 10

第 2 章 Java 语言基础 ... 11
2.1 Java 关键字 ... 11
2.1.1 符号命名规则 ... 11
2.1.2 关键字 ... 11
2.2 Java 的数据类型与类型转换 ... 12
2.2.1 Java 的数据类型 ... 12
2.2.2 强制类型转换 ... 14
2.3 Java 运算符与表达式 ... 14
2.3.1 赋值运算 ... 15
2.3.2 算术运算 ... 15
2.3.3 关系运算 ... 17
2.3.4 位运算 ... 18
2.3.5 逻辑运算 ... 18
2.3.6 其他运算 ... 19
2.3.7 运算符优先级 ... 19
2.3.8 控制语句 ... 20
2.4 Java 与面向对象 ... 22
2.4.1 面向对象的概念 ... 22
2.4.2 Java 的类结构 ... 23
2.4.3 成员变量与成员方法 ... 24
2.4.4 抽象类和接口 ... 27
2.4.5 对象的生命周期 ... 27
2.5 异常处理机制 ... 29
2.5.1 异常处理的概念 ... 29
2.5.2 自定义异常类 ... 32
习题 2 ... 33

第 3 章 文件输入与输出 ... 35
3.1 标准输入与输出 ... 35
3.1.1 标准输入与输出 ... 35
3.1.2 Scanner 类 ... 37
3.2 文件操作 ... 38
3.2.1 File 类 ... 38
3.2.2 RandomAccessFile 类 ... 41
3.3 输入流与输出流 ... 42
3.3.1 流的概念 ... 42
3.3.2 FileInputStream 类与 FileOutputStream 类 ... 44
3.3.3 DataInputStream 类和 DataOutputStream 类 ... 47
3.4 文件压缩 ... 49
3.4.1 压缩原理 ... 49
3.4.2 Java 的压缩实现 ... 50
3.5 XML 解析 ... 55
3.5.1 XML ... 55
3.5.2 DOM4J ... 56
习题 3 ... 58

第 4 章 InetAddress 类和 URL 类 ... 59
4.1 网络地址与域名 ... 59
4.1.1 网络地址 ... 59
4.1.2 域名系统 ... 61
4.2 InetAddress 类 ... 63
4.3 统一资源定位符 ... 69

4.3.1 URL 类 69
4.3.2 字符编码 73
习题 4 76

第 5 章 TCP Socket 77
5.1 套接字 77
　5.1.1 端口的概念 77
　5.1.2 套接字的概念 78
　5.1.3 Netstat 的应用 79
5.2 TCP Socket 80
　5.2.1 Socket 类 80
　5.2.2 ServerSocket 类 85
5.3 多线程操作 87
　5.3.1 多线程的概念 87
　5.3.2 Java 的多线程 90
　5.3.3 多线程与 TCP Socket 91
　5.3.4 多客户端信息存储 94
习题 5 99

第 6 章 UDP Socket 100
6.1 UDP 100
　6.1.1 UDP 的概念 100
　6.1.2 信息传播的形式 101
6.2 UDP Socket 103
　6.2.1 DatagramSocket 类和
　　　　DatagramPacket 类 103
　6.2.2 TCP Socket 与 UDP Socket 的区别 108
6.3 IP 广播 110
6.4 IP 组播 112
　6.4.1 组播的概念 112
　6.4.2 组播地址 113
　6.4.3 MulticastSocket 类 114
习题 6 119

第 7 章 对象序列化 120
7.1 对象序列化 120
　7.1.1 序列化的概念 120
　7.1.2 序列化的实现 121
　7.1.3 ObjectInputStream 与
　　　　ObjectOutputStream 122

7.2 序列化操作 123
　7.2.1 序列化存储 123
　7.2.2 序列化传输 127
7.3 定制序列化 129
　7.3.1 序列化成员变量 129
　7.3.2 定制序列化 131
习题 7 133

第 8 章 传输安全 134
8.1 Java 加密体系结构 134
　8.1.1 加密与解密的概念 134
　8.1.2 Java 加密扩展 135
8.2 数字签名 141
　8.2.1 数字签名的概念 141
　8.2.2 数字签名的实现 143
8.3 安全套接层 147
　8.3.1 JSSE 概念 147
　8.3.2 JSSE 类库包 148
习题 8 153

第 9 章 远程方法调用 154
9.1 RMI 154
　9.1.1 RMI 的概念 154
　9.1.2 RMI 的优点 155
9.2 RMI 工作机制 157
9.3 RMI 实现技术 158
　9.3.1 RMI 类和工具 158
　9.3.2 RMI 实现流程 159
　9.3.3 RMI 运行步骤 164
　9.3.4 策略文件 165
习题 9 166

第 10 章 数据库访问 167
10.1 数据库概述 167
　10.1.1 数据库的功能 167
　10.1.2 SQL 语句 168
10.2 MySQL 数据库 169
　10.2.1 MySQL 169
　10.2.2 MySQL 常用命令 172
10.3 JDBC 172

10.3.1　JDBC 的结构 172
　　10.3.2　JDBC 的驱动程序 173
　　10.3.3　数据库编程的基本步骤 174
10.4　数据库的维护 179
　　10.4.1　数据的添加 179
　　10.4.2　数据的删除 180
　　10.4.3　数据的修改 180
10.5　数据库查询 181
　　10.5.1　数据库的查询方法 181
　　10.5.2　PreparedStatement 类 181
10.6　数据库操作实例 182
习题 10 188

第 11 章　常用工具 190
11.1　Java 开发工具 190
　　11.1.1　JDK 的历史 190
　　11.1.2　JDK 的安装 191
11.2　JCreator 195
　　11.2.1　JCreator 介绍 195
　　11.2.2　JCreator 安装 196
　　11.2.3　编写与编译 200
11.3　Wireshark 202
　　11.3.1　Wireshark 介绍 202
　　11.3.2　捕捉过滤器 202
　　11.3.3　显示过滤器 204
习题 11 206

参考文献 207

第 1 章 绪 论

基于现代计算机网络的信息沟通成为当今社会信息交流的重要形式之一，它主要包括：实时消息系统(Instant Messenger)、Web 页面(Web Page)、电子邮件(Electronic Mail)、信息管理系统(Information Management System)、基于 IP 的音频和视频通信，以及各类型的网络娱乐系统等。本章主要介绍计算机网络的基本概念、网络编程基础知识、Java 与网络编程等。

1.1 计算机网络

1.1.1 计算机网络的概念

计算机互联网络起源于 20 世纪冷战时期美国国防部高级研究计划局网络(Advanced Research Project Agency Net，ARPAnet)，建立计算机网络的目的在于共享远程设备上的信息资源和计算能力，以及实现远程控制。1995 年美国政府制定的互联国家信息高速公路和国际信息高速公路的规划方案极大地促进了全球互联网络的建设。目前，我国比较著名的网络有中国科技信息网(The National Computing and Networking Facility of China，NCFC)、中国公用计算机网(ChinaNet)、中国教育科研网(Chinese Education and Research Network，CERNet)和中国金桥信息网(China Golden Bridge Network，ChinaGBN)。

计算机网络是通过电缆、电话线或无线通信将两台以上的计算机互连起来构成的集合，其准确定义是：由若干台拥有独立处理能力的计算机，通过通信设备连接，且在通信软件支持下可实现信息传输与交换的系统集合。其简单的定义是：一些互相连接的、自治的计算机的集合。最简单的网络由两台计算机设备构成，进行两点一线的通信；最庞大的网络是由多个计算机网络通过路由器等网络设备连接而成的因特网，因此因特网也被称为"网络的网络"，如图 1-1 所示。

计算机网络按地理覆盖范围的大小，可以分为广域网(Wide Area Network，WAN)、城域网(Metropolitan Area Network，MAN)、局域网(Local Area Network，LAN)以及个人局域网(Personal Area Network，PAN)等。

WAN 被称为远程网 (Remote Computer Network，RCN)，其覆盖范围最大，一般可以达到几十千米至几万千米，省际或国际之间的主干网络都是广域网。通常，WAN 是由电信部门提供用于通信的传输装置和传输介质，其传输介质使用光纤。目前，世界上最大的信息网络 Internet 已经覆盖了包括我国在内的 180 多个国家和地区，连接了数以万计的网络，终端用户已达数十亿，并且以每月 15% 的速度增长。

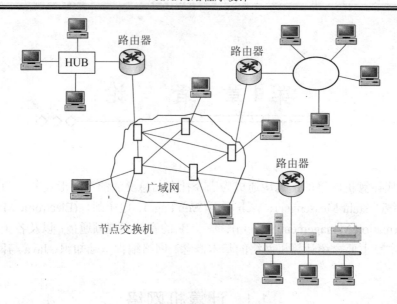

图 1-1 互联网

　　MAN 的作用范围介于广域网和局域网之间，如覆盖一个城市范围。MAN 是用来将同一区域内的多个局域网互连起来的中等范围的计算机网。MAN 的传输介质主要采用光缆，传输速率在 100 Mb/s 以上，其作用距离约为 5 km～50 km。MAN 的一个重要用途是用作骨干网，通过它将位于同一城市内不同地点的主机、数据库，以及 LAN 等互相连接起来，这与 WAN 的作用有相似之处，但两者在实现方法与性能上有很大差别。

　　LAN 是指在某一区域内由多台计算机互连而成的计算机组，其覆盖范围一般是方圆几千米内。LAN 可以实现文件管理、应用软件共享、打印机共享、工作组内的日程安排、电子邮件和传真通信服务等功能。LAN 的传输介质多样，可以采用同轴电缆、双绞线、光纤，也可以采用多种无线传输方式。LAN 是封闭型的，可以由办公室内的两台计算机组成，也可以由一个公司内的上千台计算机组成。LAN 是目前应用最为广泛的网络，例如：机关办公室、院校的计算机网络都属于 LAN，我们通常也把它称之为校园网或驻地网。

　　PAN 是指用无线电或红外线代替传统的有线电缆，实现个人信息终端的智能化互连，组建个人化的信息网络。从计算机网络的角度来看，PAN 是一个局域网；从电信网络的角度来看，PAN 是一个接入网，因此有人把 PAN 称为电信网络"最后一米"的解决方案。PAN 定位在家庭与小型办公室的应用场合，其主要应用范围包括话音通信网关、数据通信网关、信息电器互连与信息自动交换等。PAN 的实现技术主要有：蓝牙技术(BlueTooth)、红外线数字信号连接(Infrared Data Association，IrDA)、家用无线电(Home Radio Frequency，Home RF)、ZigBee 与无载波通信技术(Ultra Wideband，UWB)等。

1.1.2　TCP/IP 体系结构

　　计算机网络由多个互连的网络节点组成，节点之间要不断地交换数据和控制信息，就必须做到有条不紊地交换数据，并遵循一整套合理而严谨的结构化管理体系。计算机网络是按照高度结构化设计方法，采用功能分层的原理来实现的，网络体系(Network Architecture)

为了完成计算机间的通信合作，把每台计算机互连的功能划分成有明确定义的层次，并规定了同层次进程通信的协议及相邻层次之间的接口与服务，从而形成网络体系。

不同厂家生产的计算机系统以及不同网络产品之间要实现数据通信，就必须遵循相同的网络体系结构模型，否则异种计算机就无法连接成网络，这种共同遵循的网络体系结构模型就是国际标准——开放系统互连参考模型(Open System Interface/Reference Model，OSI/RM)，这是一种七层的体系结构。在 Internet 中，网络通信协议使用的是传输控制协议/因特网互联协议(Transmission Control Protocol / Internet Protocol，TCP/IP)，这是一种四层的体系结构。TCP/IP 定义了电子设备(比如计算机)如何连入互联网，以及数据如何在设备之间传输的标准。两个网络体系结构的对比如图 1-2 所示。

OSI/RM	TCP/IP
应用层	应用层
表示层	
会话层	
传输层	传输层
网络层	网际层
数据链路层	网络接口层
物理层	

图 1-2　TCP/IP 结构与 OSI/RM 结构对比

在 TCP/IP 中，应用层为协议的最高层，应用程序与该层协议相配合发送或接收数据。TCP/IP 协议集在应用层上有远程登录协议(Telnet)、文件传输协议(FTP)、电子邮箱协议(SMTP)、域名系统(DNS)、超文本传输协议(HTTP)等，它们构成了 TCP/IP 基本应用程序的基础。

传输层上的主要协议是 TCP(Transmission Control Protocol，传输控制协议)和 UDP(User Data Protocol，用户数据包协议)。正如网络层控制着主机之间的数据传递，而传输层控制着那些将要进入网络层的数据。TCP 与 UDP 两个协议是管理这些数据的两种方式：TCP 是一个基于连接的协议，UDP 则是面向无连接服务的管理方式的协议。由于 UDP 不使用很繁琐的流控制或错误恢复机制，只充当数据报的发送者和接收者，因此，UDP 比 TCP 实现起来简单。

网络层中的协议主要有 IP、ICMP、IGMP 等，由于它包含了 IP 协议模块，因而它是所有基于 TCP/IP 协议网络的核心。在网络层中，IP 模块完成大部分功能。ICMP 和 IGMP 以及其他支持 IP 的协议帮助 IP 完成特定的任务，如传输差错控制信息以及主机和路由器之间的控制电文等。网络层掌管着网络中主机间的信息传输。

网络接口层实现与通信介质的连接，完成数据在网络中的发送和接收，向上层协议屏蔽通信的详细过程。

在本书中所涉及的 Java 网络编程以 TCP/IP 网络体系结构为基础。

1.2 网络编程

1.2.1 网络编程的概念

网络编程就是用一门编程语言结合相应的网络接口 API，编写关于网络信息传输方面的程序的过程。如在 Windows XP 环境下，利用 C++ 语言，根据 Microsoft 提供的 Winsock2 网络编程接口，编写网络程序；又如使用 Java 语言，引用 java.net 类库和 java.io 类库等相关类库包，编写网络程序。各种程序设计语言都能实现网络编程。

根据 TCP/IP 的分层体系结构，网络编程可划分为如图 1-3 所示的层次。

图 1-3 网络编程的层次划分

图 1-3 中，用户功能设计包含了应用层和传输层两层在内的应用软件设计，通常根据应用软件中传输数据的要求不同以及用户需求，选择适当的传输层协议 TCP 或者 UDP 进行通信，主要完成某种特定的应用，Java 网络编程集中在此。

通信功能设计，主要包括传输层、网络层和网络接口层，完成数据传输安全、数据传输效率等功能，主要使用 C/C++ 实现。

在 TCP/IP 体系结构中，应用层协议与传输层协议的对应关系如表 1-1 所示。

表 1-1 应用层协议与传输层协议的关系

应 用	应用层协议	传输层协议
域名解析	DNS	UDP
小文件传输	TFTP	UDP
路由选择协议	RIP	UDP
IP 地址配置	BOOTP，DHCP	UDP
网络管理	SNMP	UDP
远程文件服务器	NFS	UDP
IP 电话	H.323	UDP
流式多媒体通信	RTP，RTCP	UDP
多播	IGMP	UDP
电子邮件	SMTP，POP	TCP
远程终端接入	TELNET	TCP
WWW	HTTP	TCP
文件传输	FTP	TCP

由表 1-1 可以看出,大多数应用软件在局域网应用(如 DNS,TFTP,RIP,DHCP,SNMP,NFS)以及实时性要求高(如 H.323,RTP/RTCP)和传输效率要求高(如 IGMP)等应用场合需要使用 UDP,而应用软件有传输可靠性要求(如 SMTP/POP3,TELNET,HTTP,FTP)等时应采用 TCP。

1.2.2　C/S 架构和 B/S 架构

在设计网络程序时,通常有两种应用架构可供选择:客户机/服务器(Client/Server,C/S)架构和浏览器/服务器(Browser/Server,B/S)架构。

C/S 架构是软件应用架构,通过它可以充分发挥网络两端的硬件环境优势,将任务合理分配到客户机端和服务器端来实现,降低系统网络通信带来的开销。C/S 架构是一种典型的两层软件应用架构,也被称为是胖客户端(Fat Client)架构,原因在于客户机端需要实现绝大多数的业务逻辑和界面展示,客户端包含一个或多个在用户的电脑上运行的程序。该类应用架构中,作为客户端的部分需要承受很大的计算压力,因为显示逻辑和事务处理都包含在其中,通过与数据库的交互(通常使用 SQL 语句或存储过程来实现)来达到数据的永久化存储,以此满足实际应用项目的需要。服务器端有两种:数据库服务器端,客户机端直接连接服务器端的数据库资源;Socket 服务器端,服务器端的程序通过 Socket 与客户端的程序通信,实现数据交换。采用 C/S 架构的常见软件包括管理信息系统、实时消息软件、娱乐软件等。C/S 架构如图 1-4 所示。

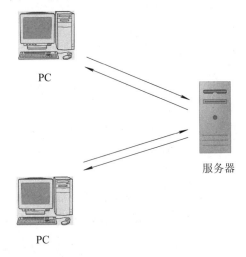

图 1-4　C/S 架构

C/S 架构的优点:
- C/S 架构的界面和操作可以很丰富;
- 安全性能可以很容易保证,也容易实现多层认证;
- 由于只有一层交互,因此服务器响应速度较快。

C/S 架构的缺点:
- 适用面窄,通常用于局域网中;
- 用户群体固定,由于程序需要安装才可使用,因此不适合面向一些不可知的用户;

● 维护成本高,发生一次升级,则所有客户端的程序都需要改变。

B/S 架构是 Web 兴起后的一种软件应用架构,Web 浏览器是客户端基础的应用软件。这种模式统一客户端,将软件应用系统功能实现的核心部分集中到服务器上,简化系统的开发、维护和使用。其中,浏览器指的是 Web 浏览器,极少数事务逻辑在浏览器端实现,但主要事务逻辑在服务器端实现;由于客户端承担的逻辑很少,因此被称为瘦客户端(Thin Client)。通常,由 Browser 客户端、WebApp 服务器端和 DB 端构成三层架构。B/S 架构中,显示逻辑交给了 Web 浏览器,将事务处理逻辑放在了 WebApp 上,这样就避免了庞大的胖客户端,减少了客户端的压力。

B/S 架构如图 1-5 所示。

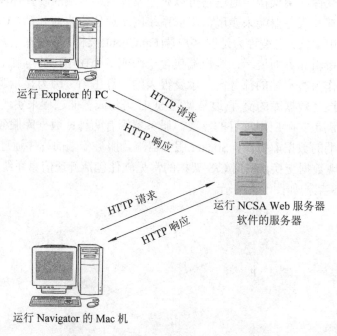

图 1-5 B/S 架构

B/S 架构的优点:

● 客户端无需安装,通常的客户设备都安装了 Web 浏览器;

● B/S 架构可以直接放在互联网上,通过权限控制实现多客户访问的目的,交互性较强;

● B/S 架构无需升级多个客户端,仅升级服务器即可。

B/S 架构的缺点:

● 在 B/S 架构上,相同的应用软件在不同厂商提供的浏览器上的表现可能会有差异;

● B/S 程序表现要达到 C/S 程序的程度需要耗费设计人员更多的精力;

● 在速度和安全性上需要花费巨大的设计成本;

● 浏览器端/服务器端的交互是请求—响应模式,通常需要浏览器端主动刷新页面。

由此可见,不论是 C/S 架构还是 B/S 架构,凭借自身的特点,必将长期存在。程序设计者可以根据不同的应用需求选择不同的软件应用构架方案。

1.2.3 C/S 架构与 B/S 架构的区别

在为应用软件选择应用架构时，可以参考以下 C/S 与 B/S 的区别：

(1) 硬件环境不同。C/S 一般建立在专用的网络上，局域网之间通过专门服务器提供连接和数据交换服务；B/S 建立在互联网之上，不必是专门的网络硬件环境，有比 C/S 更强的适应范围，通常只要有操作系统和浏览器即可。

(2) 处理问题不同。C/S 程序可以处理的用户面比较固定，用户多在相同区域内安全要求较高，并且要求操作系统有相同的应用；B/S 建立在广域网上，面向不同的用户群、地域分散，受操作系统平台影响最小。

(3) 信息流不同。C/S 程序一般是典型的中央集权的机械式处理，交互性相对低；B/S 信息流向可变化，Business-Business、Business-Customer、Business-Group 等信息流向的变化，更像交易中心。

(4) 对安全要求不同。C/S 一般面向相对固定的用户群，对信息安全的控制能力很强，高度机密的信息系统适合采用 C/S 结构；B/S 建立在互联网之上，对安全的控制能力相对弱，可能面向不可知的用户。

(5) 对程序架构不同。C/S 程序可以更加注重流程，可以对权限多层次校验，对系统运行速度可以较少考虑；B/S 对安全以及访问速度的多重考虑，建立在需要更加优化的基础之上，例如，MS 的.Net 系列的 BizTalk 2000 Exchange 2000 等，全面支持网络构件搭建的系统，以及 Sun 和 IBM 推出的 JavaBean 构件技术等。

(6) 软件重用性不同。C/S 程序构件的重用性不如在 B/S 要求下的构件的重用性好；B/S 对于多重结构，要求构件具有相对独立的功能，能够相对较好地重用。

(7) 用户接口不同。C/S 多是建立在 Windows 平台上，表现方法有限，对程序员普遍要求较高；B/S 建立在浏览器上，有更加丰富和生动的表现方式与用户交流，并且大部分难度较低，可降低开发成本。

(8) 系统维护不同。C/S 程序由于具有整体性，必须整体考查，处理出现的问题必须整体系统升级；B/S 由构件组成，通过构件个别的更换，实现系统的无缝升级，系统维护开销减到最小，用户自行下载安装相应的浏览器插件就可以实现升级。

(9) 用户端表现不同。C/S 由于充分利用了客户机端的硬件资源，因而可实现非常良好的用户界面；而 B/S 必须在网络带宽、浏览器能力之间实现某种平衡。

1.2.4 P2P 的概念

C/S 和 B/S 架构中，都是以服务器作为中心进行应用构架布局的。伴随着计算机网络的迅速发展，客户机硬件设备能力的提高，接入网络用户人数的增多，以服务器为核心的模式逐渐不能满足所有用户的需求。例如，一个提供视频的服务器，或者提供文件下载的服务器，无法应对众多用户的同时连接请求。于是，产生了对等技术。这是一种网络通信技术，它依赖于网络中参与者的计算能力和带宽，而不是把所有需求都聚集在较少的几台服务器上。对等技术又被称为"点对点"(Peer to Peer，P2P)技术，它允许各个参与者之间相互分享数据。P2P 模式如图 1-6 所示。

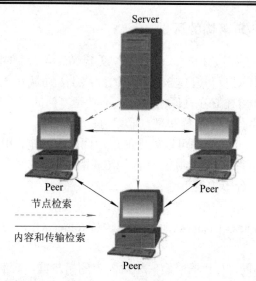

图 1-6　P2P 模式

伴随着 P2P 技术研究的深入，有断言说对等联网是只读网络的终结，它使客户机摆脱了服务器的束缚，用户采用新的方式参与互联网。其实，P2P 不是一个新思想，从某些角度看，它甚至是创建互联网的最初最基本的思想。因为，互联网的初衷就是使接入网络的设备实现资源共享。

P2P 的常见应用有文件下载，例如 eMule、迅雷、BitTorrent 都是用于多点下载的 P2P 软件。还有各类网络娱乐应用，如在线点播、视频游戏等。

P2P 的主要缺点是在为多个连接服务时，对共享磁盘文件的读、写同时进行，对硬盘损伤比较大，还有对内存占用较多，影响整机速度。

1.3　Java 与网络编程

1.3.1　Java 语言

1991 年，Sun 公司专门为消费电子产品而设立了独立研发小组"GREEN"，并以 C 编译器为基础，设计和开发了一个新的编程语言，希望达到"一次编写，到处执行"的目的；1993 年，在一系列基础研究成功的基础上，Sun 成立了一个名为 FirstPerson 的子公司，并将新开发的语言称为 Oak；1994 年，Oak 开始以与 WWW 相结合为目标设计；1995 年，Oak 正式改名为 Java，发行后获得了广泛的认同和巨大的成功。经过多年的发展，Java 语言逐渐成为主流程序设计语言，最新的 JDK 稳定版本为 J2SDK7。

Java 语言本身是基于虚拟机(Virtual Machine，VM)的，程序可以跨各种平台运行，拥有较好的可移植性，更适合网络时代的要求，Java 程序的编译及运行图如图 1-7 所示。

从图 1-7 可以看到，Java 源程序文件经编译生成字节码文件，该字节码文件通过网络下载到运行终端，经过校验正确，由终端的 Java 虚拟机解释执行，从而实现"一次编写，到处执行"。

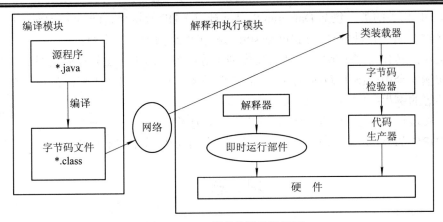

图 1-7　Java 程序编译及运行图

1.3.2　Java 网络编程

Java 作为一门单纯的编程语言和网络没有直接关系，只有掌握了 Java 的网络类库(java.net 和 java.io)，才能开始网络编程。.net 类库被 Java 用于封装网络相关类；.io 类库被 Java 用于封装数据流的输入和输出类。

其实，在 Java 语言中用于网络编程的技术有很多，包括：

- **Applet**：采用 Java 创建的基于 HTML 的程序，它是 Java 最早的应用在网络上的网页技术，浏览器将其暂时下载到用户的硬盘上，并在 Web 页打开时在客户端运行。
- **Socket**：通常也称作"套接字"，用于描述通信协议、IP 地址和端口，是一个通信链的句柄。应用程序通过"套接字"向网络发出请求或者应答网络请求，它是网络编程中常用的技术。
- **Servlet**：一种独立于平台和协议的服务器端的 Java 应用程序，可以生成动态的 Web 页面。它担当 Web 浏览器(或其他 HTTP 客户程序)与 HTTP 服务器上的数据库(或应用程序)之间的中间层，并允许开发者自定业务逻辑。
- **JSP(Java Server Page)**：由 Sun Microsystems 公司倡导、许多公司参与的一种动态网页技术标准。
- **RMI(Remote Method Invocation)**：Java 的一组支持开发分布式应用程序的 API。RMI 使用 Java 语言接口定义了远程对象，它集合了 Java 序列化和 Java 远程方法协议，它的出现将 Java 的网络编程应用提高了一个层次。

在本书中，将依次介绍 Java 与网络编程相关的知识，包括：

与网络编程输入/输出相关的类，包括 FileInputStream/FileOutputStream 实现以字节流的形式读写文件、ObjectInputStream/ObjectOutputStream 以对象流的形式处理数据、Zip/ZipEntry 进行压缩文件的处理、XML 实现跨平台的数据交换等内容。

与资源定位相关的类，包括 InetAddress 实现目标主机的名称与 IP 地址的对应、URL 类进行网络资源的定位；

与 TCP 相关的类，包括 Socket 建立 TCP 客户端套接字，实现发起对指定服务器端连接和承担数据通信任务、与 ServerSocket 实现监听客户端连接请求和实现连接等内容；

与UDP相关的类，包括DatagramSocket建立UDP套接字、DatagramPacket用于定义发送和接收UDP的数据报、与MulticastSocket实现组播通信等内容；

将类对象转化为字节流的序列化/反序列化等内容，用于在磁盘存储及网络交换；

在传输安全中介绍了Java的JCA和JCE技术，给出了实现加密、签名及安全传输层SSL构架等的例程；

用于实现远程方法调用的RMI，实现分布式计算；

在JDBC部分，介绍访问数据库的SQL语法、JDBC技术、MySQL数据库操作等内容。

习 题 1

1. 什么是计算机网络？计算机网络按照覆盖范围可分为哪几类？
2. 什么是计算机网络体系结构？画出TCP/IP体系结构，并说明各层的作用。
3. 画出Java的编译和运行机制图。
4. 什么是网络编程？Java网络编程主要引用哪些基础的类库包？
5. 什么是Client/Server结构和Browser/Server结构？说明各自的优缺点及相互的不同之处。
6. 什么是P2P结构？其优缺点和发展前景是什么？
7. Java网络编程必需的类库包是哪两个？各自的作用是什么？
8. 预习Java中的InetAddress、URL、Socket、ServerSocket、DatagramSocket、DatagramPacket、MulticastSocket等类的作用。
9. 你经常使用的网络通信软件中提供了什么样的功能？什么样的技术可以实现这些功能？
10. 以你当前的网络应用软件的经验和知识水平，希望设计一个什么样的网络软件？其中可能使用什么样的技术？

第 2 章 Java 语言基础

Java 语言的基础知识，包括 Java 的符号命名规则、关键字、数据类型、运算符与表达式，以及 Java 语言中面向对象技术基础。

2.1 Java 关键字

2.1.1 符号命名规则

在软件编程过程中，需要程序设计者定义一些特殊标识符用于表示常量名、变量名、类名、方法名和包名等等，这些名称称为标识符。Java 语言的标识符由字母、数字、下划线(_)、美元符号($)或者人民币符号(¥)组成，其命名规则如下：

- 标识符应由字母、数字、下划线"_"、美元符号"$"或者人民币符号"¥"组成，并且首字母不能使用数字，例如：_myName 为正确标识符，123name 为错误标识符；
- 不能把关键字和保留字作为标识符，例如：new 为错误标识符，因为它是关键字；
- 标识符没有长度限制，但一般应在 30 个字符以内，避免因过长而造成输入错误；
- 标识符对大小写敏感，例如：Java 和 java 是不同的标识符。

值得注意的是汉字等非拉丁文字是允许作为标识符的，但是考虑到程序的通用性，建议不使用非拉丁的字符作为标识符。

为了保证良好的编程风格，清晰标识各类符号，Java 语言有如下编程规范：

- 类名和接口名：单词首字母大写，其余字母小写，如 SamDoc；
- 方法名和变量名：首单词小写，其余单词的首字母大写，其余字母小写，如 bothEyesOfDoll；
- 包名：字母全部小写，如 com.abc.dollapp；
- 常量名：采用大写形式，单词之间以下划线"_"隔开，如 DEFAULT_COLOR_DOL。

2.1.2 关键字

关键字又称为保留字。在 Java 中，关键字对 Java 编译器有特殊的意义，它们被用来表示一种数据类型或者表示程序的结构等。Java 的关键字如表 2-1 所示。

学习 Java 关键字有以下几点需要注意：

- 识别 Java 语言的关键字，不要和其他语言如 C/C++的关键字混淆；
- const 和 goto 是 Java 的保留字，当前并未使用；
- 所有的关键字都是小写。

表 2-1 Java 关键字

abstract
boolean　break　byte
case　catch　char　class　continue　const(保留字)
default　do　double
else　extends
false　final　finally　float　for
goto(保留字)
if　implements　import　instanceOf　int　interface
long
native　new　null
package　private　protected　public
return
short　static　super　switch　synchronized
this　throw　throws　transient　true　try
void　volatile
while

在 Java 编程中，经常用到的 friendly、sizeof、main 不是 Java 的关键字。

2.2　Java 的数据类型与类型转换

2.2.1　Java 的数据类型

Java 是强类型语言，即所有变量必须先定义数据类型后才能使用。Java 语言的数据类型有两类：基本数据类型与引用类型，如表 2-2 所示。

表 2-2　Java 数据类型

基本类型	数值类型	整型：byte，short，int，long
		浮点型：float，double
	字符型：char	
	布尔型：boolean	
引用类型	数组	
	类	
	接口	

基本数据类型包括 boolean(布尔型)、char(字符型)、byte(字节型)、short(短整型)、int(整型)、long(长整型)、float(单精度浮点型)、double(双精度浮点型)等八种，如表 2-3 所示。

表 2-3 Java 基本数据类型

基本数据类型	描述	所需存储空间	取值范围
boolean	布尔型	1 b	true 或 false
char	字符型	2 B	0～65355
byte	字节型	1 B	−128～127
short	短整型	2 B	−32768～32767
int	整型	4 B	$-2^{31} \sim 2^{31}-1$
long	长整型	8 B	$-2^{63} \sim 2^{63}-1$
float	单精度浮点型	4 B	1.401e−45～3.402e + 38
double	双精度浮点型	8 B	4.94e−324～1.79e + 308d

其中，boolean 类型仅可取两个值：true 和 false；char 类型为 16 位无符号(不分正负的)Unicode 字符，并且必须包含在一对单引号(' ')内，例如：'\t' 表示一个制表符，'\u????' 表示一个特殊的 Unicode 字符，???? 应严格按照 4 个十六进制数进行替换。

byte，short，int 和 long 表示整数类型，在 long 类型数据后面直接跟一个字母"L"，L 表示这是一个 long 型数值。在 Java 编程语言中 L 无论是大写还是小写都同样有效，但由于小写 l 与数字 1 容易混淆，因而，使用小写不是一个明智的选择。

float 和 double 表示浮点类型，数值中包含小数点和指数，在数字后面带有字母 F 或者 f(float)，D 或者 d(double)。

【例 2-1】 常见的几种数据类型举例。

1. public class ex_2_1{
2.   public static void main(String[] args){
3.   int x,y;
4.   float z=3.414f;
5.   double w=3.1415;
6.   boolean truth=true;
7.   char c1,c2;
8.   String str1,str2="bye";
9.   c1='A';
10.   c2='中';
11.   str1="Hi out there!";
12.   x=6;
13.   y=1000;
14.   }
15. }

代码注释如下：

① 第 4 行：在 Java 语言中，浮点数如未特殊指定通常为 double 类型，当指定数值为 float 类型时，在数值后需要加"f"或"F"；

② 第 6 行：在 Java 语言中，boolean 类型只有 2 个取值，分别为 true 和 false，在为 boolean 类型赋值时不能使用双引号括起取值，如 boolean truth = "true"是错误的；

③ 第 9~10 行：在给 char 类型数据赋值时，不论值是 ASCII 字符还是中文字符，都需要使用单引号。

2.2.2　强制类型转换

当参与运算的各数据类型不同时，往往会按照一定原则进行自动的类型转换，通常是低字节数据类型向高字节数类型转换。但是，并不是所有的数据类型都可以进行自动类型转换，当目标数据类型的字节数小于转换前数据类型的字节数时，进行转换的时候一般称为"窄类型转换"，这样数值的范围就会减小，即在转换过程中会损失部分数值精度。

当数据类型不能自动转换时，必须采用强制类型转换，表示将表达式值的类型强制转换为目的类型，格式是：

　　　　(target_type)value　　　　　　(目的类型)表达式

例如：

　　　　int a = 65535;

　　　　byte b = (byte)a;

则

　　　　b = −1

在该例中，a 的取值范围大，所占的位数多，而 b 的取值范围小，则会取本范围内的数据。其中 int 类型占 32b，而 byte 类型占 8b，则只保留低 8 位的数值。

另外一种称为"截断"，当浮点数赋给整数的时候，会保留整数部分，而截掉小数部分，如果浮点数的范围大于整数的进行取模减小。

例如：

　　　　double a = 123.456;

　　　　int b = (int)a;

则

　　　　b = 123

2.3　Java 运算符与表达式

表达式是由操作数和运算符按一定的语法形式组成的符号序列，可以通过运算符将多个更小的表达式或子表达式相连接成为更大的表达式。本质上，运算符是用来控制表达式的项如何计算或操作的符号，可以将运算符看做为一个微型函数，即获取参数(操作数)并返回对象，结果的数据类型由所使用的运算符确定。运算符有操作数个数、操作数类型、运算优先级和结合性等特征。

2.3.1 赋值运算

由赋值运算符组成的表达式称为赋值表达式，作用是对指定变量进行赋值运算。其形式如下：

变量名＝表达式

在 Java 语言中可以存在以下的形式：

a = 0; b = 0;

或者

a = b = 0;

这种关系传递下去，形成连续多次赋值。

2.3.2 算术运算

算术运算符用于数学表达式中，其操作数只能是整型或浮点型，分为一元和二元运算。

● 一元运算符，参与运算的操作数只有 1 个，结合性是右结合性，运算结果改变了变量的值。

op++　　（先使用再加）
op--　　（先使用再减）
++op　　（先加再使用）
--op　　（先减再使用）
-op　　　（正负值取反）

采用一元运算符可以让编译器优化代码，op++和 op--执行效率比 op=op+1 和 op=op-1 要高很多。

【例 2-2】　一元算术运算符举例。

1. public class exp_2_2{
2. 　　public static void main(String [] args){
3. 　　　　int a = 5;
4. 　　　　System.out.println("a + 1 = " + (a+1));
5. 　　　　System.out.println("a ++ = " + (a++));
6. 　　　　System.out.println("++ a = " + (++a));
7. 　　　　System.out.println("a - 1 = " + (a-1));
8. 　　　　System.out.println("a -- = " + (a--));
9. 　　　　System.out.println("-- a = " + (--a));
10. 　　　　System.out.println("-a = " + (-a));
11. 　　}
12. }

```
a + 1 = 6
a + 1 = 5
a + 1 = 7
a - 1 = 6
a - 1 = 7
a - 1 = 5
-a = -5
```

图 2-1　exp_2_2 运行结果

程序运行结果如图 2-1 所示。

● 二元运算符，参与运算的操作数有 2 个，该运算符不改变操作数的值，而是返回一个必须赋给变量的值，它具有左结合性。

    Op1 + op2
    Op1 – op2
    Op1 * op2
    Op1 / op2
    Op1 % op2
    Op1 += op2
    Op1 –= op2
    Op1 *= op2
    Op1 /= op2
    Op1 %= op2

使用赋值运算符的优点在于：代码简洁，编译器执行效率高。

【例2-3】 二元算术运算符举例。

```
1.  public class exp_2_3{
2.      public static void main(String [] args){
3.          int a = 6;
4.          int b = 2;
5.          System.out.println("a + b = " + (a+b));
6.          System.out.println("a - b = " + (a-b));
7.          System.out.println("a * b = " + (a*b));
8.          System.out.println("a / b = " + (a/b));
9.          System.out.println("a % b  = " + (a%b));
10.         System.out.println("a += b 结果为： " + (a+=b));
11.         System.out.println("a -= b 结果为： " + (a-=b));
12.         System.out.println("a *= b 结果为： " + (a*=b));
13.         System.out.println("a /= b 结果为： " + (a/=b));
14.         System.out.println("a %= b 结果为： " + (a%=b));
15.     }
16. }
```

程序运行结果如图2-2所示。

```
a + b = 8
a - b = 4
a * b = 12
a / b = 3
a % b  = 0
a += b 结果为：8
a -= b 结果为：6
a *= b 结果为：12
a /= b 结果为：6
a %= b 结果为：0
```

图2-2　exp_2_3运行结果

2.3.3 关系运算

关系运算符用来比较两个值之间关系，返回布尔类型的值：true 和 false。它们都是双操作数运算符。

　　　　Op1 > op2
　　　　Op1 >= op2
　　　　Op1 < op2
　　　　Op1 <= op2
　　　　Op1 == op2
　　　　Op1 != op2

当上述关系为真，返回 true，否则返回 false。所以，关系运算符通常用于 if 语句、循环语句的条件中。

应注意在对象之间进行比较的时候，如：字符串之间比较

　　String s1 = new String("aaa")；
　　String s2 = new String("aaa")；

(s1 = = s2) 返回值为 false，原因在于它们不是同一个对象。除非首先将 s1 赋值给 s2，即 s2 = s1 实现引用关系，那么(s1 = = s2)返回值为 true。

【例 2-4】 关系运算符举例。

```
1.   public class exp_2_4{
2.       public static void main(String [] args){
3.           int a = 6, b = 2, c = 2;
4.           if(a > b) System.out.println("a > b    true");
5.           if(a >= c)System.out.println("a >= c    true");
6.           if(b < c)System.out.println("b < c    false");     //无输出
7.           if(b <= c)System.out.println("b <= c    true");
8.           if(b == c)System.out.println("b == c    true ");
9.           if(b != c)System.out.println("b != c    false");   //无输出
10.          String s1 = new String("abc");
11.          String s2 = new String("abc");
12.          if(s1 == s2)System.out.println("s1 == s2    true");
13.          else System.out.println("s1 == s2    false");
14.          s2 = s1;
15.          if(s1 == s2)System.out.println("s1 == s2    true");
16.          else System.out.println("s1 == s2    false");
17.      }
18.  }
```

程序运行结果如图 2-3 所示。

```
a > b    true
a >= c   true
b <= c   true
b == c   true
s1 == s2 false
s1 == s2 true
```

图 2-3　exp_2_4 运行结果

2.3.4 位运算

位运算符针对二进制进行操作,操作数应是整数类型,其运算结果也是整数类型,包括:

~ 0/1   取反,一元运算符
>>   右移指定的位数
<<   左移指定的位数
>>>   右移指定的位数,左侧移入填 0
&   按位与
| 按位或
^   按位异或

以上运算符,除了取反运算符是一元运算符,其余均为二元运算符。

【例 2-5】 位运算符举例。

```
1.   public class exp_2_5{
2.      public static void main(String [] args){
3.         int a = 6;
4.         int b = 2;
5.         System.out.println(" ~a = " + (~a));
6.         System.out.println(" a >> b =" + (a >> b));
7.         System.out.println(" a << b =" + (a << b));
8.         System.out.println(" a >>> b = " + (a >>> b));
9.         System.out.println(" a & b = " + (a & b));
10.        System.out.println(" a | b = " + (a | b));
11.        System.out.println(" a ^ b = " + (a ^ b));
12.     }
13.  }
```

程序运行结果如图 2-4 所示。

```
~a = -7
a >> b =1
a << b =24
a >>> b = 1
a & b = 2
a | b = 6
a ^ b = 4
```

图 2-4 exp_2_5 运行结果

2.3.5 逻辑运算

逻辑运算(布尔运算)将多个布尔类型的数据(布尔常量,布尔变量,关系表达式,布尔表达式)连接起来，其结果也为布尔类型，即返回值为 true 或 false。逻辑运算符包括：

&&　　逻辑与
||　　逻辑或
!　　逻辑非

当逻辑运算仅存在两个分支结果情况时，可使用条件运算符(？：)，它是唯一的三目运算符，其遵循三个规则，分别是：

- 条件运算符优先于赋值运算符；
- 条件运算符的优先级比其他关系运算符低，如：

  max = a < b ? b : a　　等同于　　max = (a < b) ? b : a
  max = a < b ? b : a + 1　　等同于　　max = a < b ? b : (a +1)

- 条件运算符是"自右向左"结合。

【例2-6】 逻辑运算符举例。

```
1.    public class exp_2_6{
2.        public static void main(String [] args){
3.            int a = 6;
4.            int b = 2;
5.            int c = 2;
6.            if((a > b) && (b >c)) System.out.println("true");
7.            else System.out.println("false");
8.            if((a < c) || (b >c)) System.out.println("true");
9.            else System.out.println("false");
10.           if(!(a < b) ) System.out.println("true");
11.       }
12.   }
```

程序运行结果如图 2-5 所示。

```
false
false
true
```

图 2-5　exp_2_6 运行结果

2.3.6　其他运算

在 Java 中还包含一些其他运算符，如获得对象实例运算符(instance of)，用于数组的下标运算符([ ])，对象实例分量运算符(.)，内存分配符(new)，强制类型转换运算符(类型)，方法调用运算符(())等。

2.3.7　运算符优先级

Java 语言严格按照运算符的优先级由高到低的顺序执行各类运算，运算符优先级如

表2-4所示。

表2-4 Java语言运算符优先级(由高到低)

运算符类型	运算符
一元运算符	+-，++，--
算术(和移位)运算符	*，/，%，+，-，<<，>>
关系运算符	>，<，>=，<=，==，!=
逻辑(和按位)运算符	&&，||，&，|，^
条件(三元)运算符	A>B? X:Y
赋值运算符	=(以及复合赋值，如*=)

通过使用圆括号能改变公式中运算符的运算顺序，圆括号中的运算符具有最高的优先级。

如果在一个运算对象两侧的优先级别相同，则按规定的"结合方向"处理，称为运算符的"结合性"。Java规定了各种运算符的结合性，如算术运算符的结合方向为"自左至右"，即先左后右。Java中也有一些运算符的结合性是"自右至左"的。例如：当a=3,b=4时，若k=a−5+b，则k=2(先计算a−5=−2，再计算−2+b=2)；若k=a+=b−=2，则k=5(先计算b−=2，再计算a+=2)。

2.3.8 控制语句

Java语言包括了四种类型的语句：条件、分支、循环、转移语句。

(1) 条件语句是最基本的控制语句，根据逻辑表达式的值，决定是否执行其后的语句，语法为

  if(boolean_expression) statement_1;

和

  if(boolean_expression) statement_1;
  else statement_2;

条件语句允许嵌套if语句，if和else就近嵌套，也可以通过{}来改变匹配关系。条件语句有一种简化形式，称为条件运算符(？：)，例如

  if(a>b)?a:b;

(2) 分支语句可以处理多重条件，其所用关键字包括switch，case，break，default等4个，语法为

  switch(int_value){
    case value1:
      statement_1;
      break;
    case value2:
      statement_2;

第 2 章 Java 语言基础

```
            break;
    default:
            statement_3;
            break;
}
```

在使用分支语句时，注意事项如下：
- switch 语句只能用做相等比较，value 取值只能是整数类型和字符类型；
- 当表达式的值和 case 后跟值相等则执行相应的语句，否则执行 default 的语句；
- 每个 case 后面跟的常量表达式都必须不一样；
- break 用来结束当前的分支处理语句；
- 若在 case 后不写 break，则可以实现多个 case 语句共同执行一组语句。

【例 2-7】 根据给定年份，编写判断各月份的天数的程序段。其中 year, month, days 分别表示年，月，日。

```
1.   switch(month){
2.       case 1: case 3: case 5: case 7: case 8: case 10: case 12:
3.           days = 31;
4.           break;
5.       case 2:
6.           if(((year % 4 == 0)&&(year % 100 == 0))||(year % 400 == 0))
7.               days = 29;
8.           else
9.               days = 28;
10.          break;
11.      default:
12.          days = 30;
13.          break;
14.  }
```

代码注释如下：
① 第 1 行采用分支语句判断月份；
② 第 2～4 行判断月份是否为大月，并设定天数；
③ 第 6～10 行根据年份判断 2 月是否为闰月，并设定天数；
④ 第 11～13 行为默认小月设置。

(3) 循环语句用于处理多次相类似的操作，有三类循环语法，分别为：
- while(boolean_expression)statements：先判断再执行。
- do statement while(boolean_expression)：先执行再判断。
- for(初始条件; 循环结束条件; 循环变量操作)statements：在该类循环中部分表达式可以省略，但";"不能省略。例如：

for(;;)表示无初始条件，无结束条件，无循环变量的无限循环；
for(; i<100; i++)表示无初始条件的循环；

for(; i<100;)表示无初始条件，无循环变量的循环。

(4) 转移语句可以实现改变程序执行的顺序，包括 break、continue 和 return 语句。

break 语句：使用在 switch、for、while、do-while 程序块中，起到跳出当前语句块的作用。break lable 跳到 lable 指定的语句位置。

continue 语句：和 for、while、do-while 语句一起运行，结束本次循环继续下一次循环。continue lable 跳转到循环内 lable 指定的语句位置。

return 语句：在 Java 中，程序是通过方法调用来实现的，一个方法可以嵌套调用另外一个方法，每个方法可以有一个返回值，使用 return expression 实现，expression 为返回表达式。若方法用 void 修饰，则没有任何返回值，这个时候 return 表示方法结束。

2.4 Java 与面向对象

2.4.1 面向对象的概念

面向对象程序设计方法就是把现实世界中事物的状态和事物的操作抽象为程序设计语言中的对象，达到二者的统一。类是对一个或几个相似对象的描述，它把不同对象具有的共性抽象出来，定义某类对象共有的变量和方法，从而使程序员实现代码的复用，即类是同一类对象的原型，例如，人类、鸟类等。

设计方法把事物用对象描述，每个具体的对象可以用两个特征来描述：事物静态属性的数据结构和基于这些数据的有限操作，即数据结构和对象数据的操作放置在一起构成一个整体。创建一个类，相当于构造一个新的数据类型，而实例化一个类就得到一个对象。其基础概念有：

● 对象(object)：是把数据及其相关的操作封装在一起所构成的**实体**，对象的数据称为"成员变量"，对象的操作被封装在函数中，称为对象的"成员函数"或"方法"；

● 类(class)：基于对象之上的抽象概念，类本质上被认为是对象的描述，是创建对象的"模板"；

● 对象实例(instance)：对象的另一种名称，创建某个对象实例实际上就是定义一个该类的变量；

● 方法(method)：类的专门函数，用于实现对象实例数据的操作。

面向对象技术的特点：

封装性：对象将数据和处理数据的操作结合在一起构成一个整体。对象的使用者只能看见对象的外部特性，而看不到内部实际构造，从而减少了程序之间的依赖，降低了程序的复杂度，便于修改，提高了可靠性。

继承性：类之间实现层次化结构，上层为父类，下层为子类。子类可以继承父类的变量和方法，既灵活又提高效率。

多态性：对象的方法通过参数传递。Java 通过重写和重载实现多态性，通过方法的重写，一个类中可以有多个具有相同名字的方法，通过传送给它们不同个数和不同类型的参数来决定使用哪种方法。子类可以通过重载重新实现父类的方法，具有自己的特征。

通信相关性：一个对象包含多个方法(行为)，类之间的通信实现了消息的传递。其三要素包括信息接收对象、接收对象使用什么方法以及该方法的参数。

2.4.2 Java 的类结构

类是 Java 程序的基本模块，由被封装的成员变量和成员方法组成。其中，成员方法中定义了与被封装的成员变量之间进行交互的方式。

类的结构包括两个部分：类的声明和类体。其中，类的声明由关键字 class 和类的名称 className 两个部分组成。类体是类的主体，包含成员变量和成员方法。在类中通常是先列出成员变量，再列出成员方法。成员变量必须放于类体中，且不被包含在方法中。

类的格式为

　　modifier class ClassName [extends ParentClass] [implements interface]
　　{
　　　　//class body
　　}

其中：

● 修饰符(modifier)说明类在使用的时候所受到的限制，类声明中的修饰符决定了类在程序中被处理的方式。

● 继承(extends)表示该类继承于哪个父类，父类一般被称为"超类(Super Class)"。在 Java 语言中类都是从 java.lang.object 类继承而来的，这样的子类或者派生类在属性中不出现父类的名字，则称父类为隐含类。

● 接口(implements)，因为 Java 不支持多继承，所以提供了接口的概念，用于规范化成员方法的定义。

在声明类的时候，可以使用单个修饰符或者合法的修饰符组合，如：

abstract 表示为一个抽象类，其不含有代码方法，需要在以后的子类中覆盖，这种类不能实例化，但可以继承。其子类必须覆盖 abstract 方法，或也是 abstract 类。

public 表示类是公有的，可以被任何对象使用，可以被任何类所继承。在一个 Java 源文件中，只有一个类被 public 声明。

final 表示该类不能被继承，为最终类。

空修饰符，为默认方式，即不使用以上任何一种修饰符。

例如，出现下列修饰符组合：

　　public final class bar{…}　　　　正确
　　abstract final class bar{…}　　　错误

错误的原因在于 abstract 修饰的类必须被继承，而 final 修饰的类是最终类不能被继承，所以两者冲突。

类的继承指的是某个对象所属的类在层次结构中占一定的位置，具有上一层次对象的某些属性和操作。继承所表达的就是一种对象类之间的相交关系，它使得某类对象可以继承另外一类对象的数据成员和成员方法。若类 B 继承类 A，则属于 B 的对象便具有类 A 的全部或部分成员变量和成员方法，称被继承的类 A 为基类、父类或超类，而称继承类 B 为

A 的派生类或子类。例如，定义一个类叫车，车有以下属性：车体大小，颜色，方向盘，轮胎，而又由车这个类派生出轿车和卡车两个类，为轿车添加一个小后备箱，而为卡车添加一个大货箱，则车类为父类，轿车和卡车为子类。在 Java 中，所有的类都是通过直接或间接地继承 java.lang.Object 类而派生出来的。

继承避免了对一般类和特殊类之间共同特征进行的重复描述。同时，通过继承可以清晰地表达每一项共同特征所适应的概念范围，在一般类中定义的属性和操作适用于这个类本身以及它以下的每一层特殊类的全部对象。

使用 final 修饰的类称为最终类，最终类是不允许对它进行扩展的类，也就是说不可以有该类的子类。实际使用过程中，可以在定义类时用关键字 final 对它加以说明。引入最终类的目的是为了提高系统安全性，因为如果有重要的信息的类允许被继承的话，就可能被不怀好意的攻击者加以利用，从而重要的数据就可能被非法修改或泄密。为了防止这些情况发生，可以将那些重要的类说明为最终类，避免非安全事件的发生。

Java 不支持多重继承，单继承使 Java 的继承关系很简单，一个类只能有一个直接父类，易于被管理，同时一个类可以实现多个接口，从而克服单继承的缺点。

2.4.3 成员变量与成员方法

类中包含两个部分，一是描述类的属性或状态的变量，称为成员变量，另一个是基于这些变量的操作或方法，称为成员方法。

类的成员变量必须放在类体中，且不在方法中，变量的类型可以是简单类型或者复合类型。语法为：

    [modifier] type variableName;

其中，修饰符 modifier 的类型包括：

● 变量的访问权限 public，private，protected。公用变量 public 允许所有类访问，私有变量 private 只能被所属的类访问，保护变量 protected 可以被本类、子类以及派生类访问，默认型变量可以被本类以及同一个包中的类访问，如表 2-5 所示。

● 修饰符 static 标识该成员变量为静态变量，说明该成员变量被从此类创建的所有对象共享使用，而且不需要实例化，能直接共享使用。

● 修饰符 final 标识该成员变量不可被修改，即为常量。

表 2-5 修饰符控制范围

控制范围 修饰符	类	子类	包	所有
private	√			
protected	√	√	√	
public	√	√	√	√
默认	√		√	

在 Java 语言中有三个特殊的变量，分别是：

- null：清除一个对象实例的值；
- this：同一个实例，可以用来引导成员变量和成员方法；
- super：对父(超)类中定义的方法进行访问。

在类体中除了成员变量外，就是成员函数(方法)，方法用来实现类的行为，其语法：

  [modifier] returnType methodName(parameter_list) {
    methodBody;
  }

方法的修饰符(modifier)如表 2-6 所示。

表 2-6 方法的修饰符

public	protected	private
static	transient	abstract
final	native	synchronized

方法的返回值类型可以是简单类型或者是复合类型，如果不需要返回任何值，则使用 void。每个类中包含特殊的方法，称为构造方法。构造方法的名称与类的名称相同，只能有入口参数，没有返回值。实际上其名字为 init，由编译器隐含提供。构造方法的作用是对该类新创建的对象分配内存空间和进行初始化。所以每次创建对象，系统自动调用相应类的构造方法。一个类中可以有多个构造方法，通过不同的入口参数进行区分，不同的构造方法可以创建不同的对象，这种方法称为构造方法重载。不带入口参数的构造方法，称为默认的构造方法。

【例 2-8】 定义一个矩形类。

```
1.   public class rectangle {
2.       float width;
3.       float height;
4.       public rectangle( ) {            //默认的构造方法
5.           this.width = 10;
6.           this.height = 10;
7.       }
8.       public rectangle(int width, int height) {      //构造方法重载
9.           this.width = width;
10.          this.height = height;
11.      }
12.      public rectangle(float width, float height) {    //构造方法重载
13.          this.width = width;
14.          this.height = height;
15.      }
16.  }
```

在 Java 语言中，方法存在多态性特点。多态性包括了两种：方法重载和方法覆盖。方

法重载是 Java 的一种多态性的表现，方法重载指可以定义多个具有相同名字的方法，但是参数列表不同，即参数个数或者参数类型不同。当方法被调用的时候，根据参数来决定使用哪一个方法。例如：

  void getInput(int x){…}
  void getInput(float x){…}
  void getInput(int x，int y){…}

判断是否为方法重载的方法，有四条原则：
- 属于同一个类中的多个成员方法；
- 这些方法具有相同的方法名称；
- 方法中的参数个数或者类型不同；
- 方法的返回值不能单独作为方法重载的判断条件。

方法覆盖和方法重载的概念虽然不同，但都属于面向对象编程的多态性。方法覆盖指子类中可以定义一个和父类中某个方法名称相同、并且具有相同的参数的方法；这样子类中使用新的自己定义的方法，如果需要调用父类的方法则使用 super.methodName()。判断是否为方法覆盖的方法，有四条原则：
- 只存在于有继承关系的父类和子类中的方法；
- 方法都具有相同的方法名称；
- 方法中的参数个数以及类型相同；
- 方法的返回值也必须是相同的。

【例 2-9】 父类与子类之间方法重载和覆盖举例。

```
1.   class SuperClass{
2.       SuperClass(){           //父类的构造方法
3.       }
4.       method(int a){          //方法 1，与方法 2 形成重载
5.       }
6.       medthod(int a, int b){  //方法 2，与方法 1 形成重载
7.       }
8.   }
9.   class SubClass extends SuperClass{
10.      SubClass(){             //子类的构造方法
11.      }
12.      method(int a){          //方法 3，与方法 1 形成覆盖，与方法 4 形成重载
13.      }
14.      medthod(int a, int b){  //方法 4，与方法 2 形成覆盖，与方法 3 形成重载
15.      }
16.  }
```

主方法 main()是 Java 应用程序的入口。在 Java 的 Application 应用程序中，必须含有一个可以被外界所直接调用的主类，该主类中必须含有 main()方法，整个应用程序就是从该方法开始执行的。在 Java 的 Application 应用程序中，一般只有一个 main()方法。其格式

规定：

　　public static void main(String[] args)

其中：public 表示公开的，任何人都可以调用；static 表示静态的，不需要实例化就可以调用；void 表示无返回值；main 表示主方法；String[] args 是通过命令行的方法带入运行参数。

如果在一个 Java 程序中，存在多个 main()方法，则第一个主方法被调用。

2.4.4 抽象类和接口

在 Java 中，类的另一个概念就是抽象类，它与最终类相对，需要子类继承完善。抽象类是使用 abstract 修饰的类。在抽象类中，可以定义抽象方法，即使用 abstract 修饰的方法。抽象方法只是一个定义，不能有具体实现该方法的方法体，且抽象方法不能重载。抽象类不具备实际功能，只用来派生子类。抽象方法也必须在子类中被覆盖。例如：

```
abstract public class Shape{
    abstract public void draw();
    public void erase(){
        System.out.print("语句");
    }
}
```

该抽象类中，draw()方法是抽象的，必须在 Shape 子类中实现覆盖，而 erase()方法包含了方法体，有具体的意义。

抽象方法只是方法的声明，并不是所有的方法都可以定义为抽象方法，Java 规定构造方法、析构方法、私有(private)方法、最终(final)方法、静态(static)方法不能使用 abstract 来修饰。规定抽象类只能用来派生子类，不能用 new 来创建一个抽象类的实例。

在有些计算机语言中，允许一个类有多个直接父类。这种继承关系称为多重继承。Java 不支持多重继承，Java 允许一个类有多个直接父接口(interface)，接口是抽象类的一种极端情况。在接口中，只能包含抽象方法和用 final 修饰的成员变量，接口中抽象方法的实现只能在使用该接口的子类中实现。接口之间存在继承关系，语法为

　　[modifer] interface InterfaceName [extends FatherInterface]

在默认情况下，接口可以被相同包中的所有类所实现。如果用 public 修饰，则允许被所有的类所使用。一个类可以继承多个接口，多个接口采用逗号分隔，如：

```
public class A extends B implements C，D
{
}
```

类中必须定义接口中的所有方法，这些方法必须具有相同的声明方式，即采用方法覆盖的形式。

2.4.5 对象的生命周期

在 Java 中，一个对象往往经历创建、使用和释放三个阶段，称为对象的典型生命周期，如图 2-6 所示。

图 2-6 对象的生命周期

创建对象过程包括声明对象、实例化对象和初始化对象三个步骤。

首先，声明对象，格式为：

    type name;

例如：

    Rantangle myRect;

其次，实例化(建立对象)，使用 new 来分配内存空间，使用类中的构造方法来实现，如：

    new Rectangle();

    new Rectangle(0，2，10，20);

最后，初始化对象，指由类生成一个对象时，为这个对象确定初始状态。通过不同的构造方法建立的对象，所占内存空间地址是不同的。这里 JVM 提供一个面向系统的虚拟地址，而不是一个真实地址。三个步骤合并在一起，如：

    Rectangle myRect = new Rectangle(0，0，10，20);

在使用对象时，是调用对象中的属性和方法。通过两种途径来使用对象：

通过对象变量的引用，格式为

    ObjectReference.variable;

例如：

    myRect.x = 2;

    myRect.y = 4;

    myRect.width = 20;

    myRect.height = 40;

通过调用对象的方法，格式为

    ObjectReference.methodName(paralist);

    ObjectReference.methodName();

例如：

    myRect.move(5，10);

释放对象，释放掉分配给此对象的内存空间。在 Java 中对象的释放是自动完成的(析构方法)。Java 运行系统具有所谓"垃圾收集"机制，这种机制会周期性地检测对象是否还在使用，如长期不用的对象，则给予释放，回收分配给这些对象的内存，即垃圾收集。实际上，Java 提供了三种内存回收的方法。

● 垃圾收集器涉及读/写操作，相对较慢，扫描过程周期性进行，垃圾收集操作以较低的优先级在系统空闲周期中完成。

● Java 运行系统也允许程序员通过调用 System.gc()请求垃圾收集(Garbage Collect，GC)。

● Java 系统开始运行时，会自动调用一个名为 finalize()的方法进行预处理。该方法的功能之一就是释放对象所占的内存。

2.5 异常处理机制

2.5.1 异常处理的概念

任何一门计算机程序设计语言都包括绝对正确和相对正确的语句。绝对正确指任何情况下，程序都会按照流程正确执行。相对正确指程序的运行受到运行环境的制约，在这种情况下，需要附加检测和控制语句，保证程序的健壮性。

计算机系统通常的控制方法是：
- 计算机系统本身直接检测错误，遇到错误使程序终止运行；
- 程序员在程序设计中兼顾错误检测、错误信息显示和出错处理。

在进行程序设计和运行时，错误的产生是不可避免的。所谓错误，指在程序运行过程中发生的异常事件，比如除 0 溢出、数组下标越界、文件找不到等，这些事件的发生将阻止程序的正常运行，所以在 Java 系统中将它们统称为异常(Exception)。为了加强程序运行的可靠性，在程序设计时，要求程序设计者必须考虑到可能发生的异常事件并做出相应的处理。

在 C 语言中，通过使用 if 语句来判断是否出现了错误，同时，调用函数通过被调用函数的返回值感知在被调用函数中产生的错误事件并进行处理。但是，这种错误处理机制会导致不少问题，因为在很多情况下需要知道错误产生的内部细节。通常，用全局变量 Errno 来标识一个异常事件的类型，这容易导致误用，因为一个 Errno 的值有可能在被处理前被另外的错误覆盖掉。此外，即使最完美的 C 语言程序，为了处理异常情况，也常常求助于 goto 语句。以常规方法处理错误，如进行文件处理的代码：

```
打开文件;
if(文件是否被打开)  {
    读取文件长度;
    if(读取文件长度是否成功)    {
        获得系统内存容量;
        if(是否有足够的内存容量加载文件)   {
            加载数据到内存中;
            if(读取是否成功)
                errorCode = -1;
            else errorCode = -2;
        }
        else   errorCode=-3;
    }
    else errorCode=-4 ;
}
else errorCode=-5;
```

观察上面的程序,大家会发现大部分精力花在出错处理上了,其缺点在于:
- 只把能够想到的错误考虑到,对除此以外的情况无法处理。
- 程序可读性差。
- 出错返回信息量太少。

Java 通过面向对象的方法来处理程序错误。在一个方法的运行过程中,如果发生了异常,则这个方法(或者是 Java 虚拟机)生成一个代表该异常的对象(包含了该异常的详细信息),并把它交给运行时(runtime)系统,运行时系统寻找相应的代码来处理这一异常。我们把生成异常对象并把它提交给运行时系统的过程称为抛弃(throw)一个异常。运行时系统在方法的调用栈中查找,从生成异常的方法开始进行回溯,直到找到包含相应异常处理的方法为止,这一个过程称为捕获(catch)一个异常。则在 Java 中,采用异常(Exception)处理机制来处理程序运行中的错误,修改以上进行文件处理的代码,如:

```
try {
    openTheFile;
    determine its size;
    allocate that much memory;
    read-File;
    closeTheFile;
}
catch(fileopenFailed)           { dosomething; }
catch(sizeDetermineFailed)      { dosomething; }
catch(memoryAllocateFailed)     { dosomething; }
catch(readFailed)               { dosomething; }
catch(fileCloseFailed)          { dosomething; }
```

在该代码中,将程序运行中的所有错误都看成一种异常,通过对语句块的检测,一个程序中所有的异常被收集起来放在程序的某一段中处理。并且,在 Java 系统中,专门设置了一个调用栈,其中装有指向异常处理方法的指针。

如果在代码中未设置异常处理机制,则运行至有异常的代码处,程序终止,给出异常信息。

【例 2-10】 异常信息举例。

```
1.  public class HelloWorld{
2.      public static void main(String[] args){
3.          int i=0;
4.          String greetings[]={
5.              "Hello world!",
6.              "No,I mean it!",
7.              "HELLO WORLD!!"
8.          };
9.          while(i<4){
```

```
10.            System.out.println(greetings[i]);
11.            i++;
12.        }
13.    }
14. }
```

运行结果如下：

Hello world!

No,I mean it!

HELLO WORLD!!

Exception in thread "main" java.lang.ArrayIndexOutOfBoundsException: 3
    at HelloWorld.main(HelloWorld.java:10)

通常的异常包括零做除数(算术异常 ArithmeticException)、不能打开指定的文件(文件异常 FileNotFoundException)、数组下标越界 ArrayIndexOutofBoundsException、类未找到异常 ClassNotFoundException、内存溢出错误 OutOfMemoryError、虚拟机错误 VirtualMachineError、未知错误 UnknownError 等等。

【例2-11】 异常处理。

```
1.  public class MathException{
2.      public static void main(String args[]){
3.          int a = 58;
4.          int b = 0;
5.          try{
6.              System.out.println( a / b );
7.          }catch(Exception e){
8.              System.err.println(e.toString());
9.          }
10.     }
11. }
```

运行结果如图 2-7 所示。

```
Exception in thread "main" java.lang.ArithmeticException: / by zero
        at SystemException.main(SystemException.java:5)
Press any key to continue...
```

图 2-7　除数为 0 异常提示

和传统的方法比较，异常处理的优点包括：
- 把错误代码从常规代码中分离出来。
- 按错误类型和错误差别分组。
- 系统提供了对于一些无法预测的错误的捕获和处理。
- 克服了传统方法的错误信息有限的问题。

在 Java 语言中，大部分错误和异常都可以被抛出。异常情况被分为异常类 Exception 和错误类 Error，其中错误类表示严重的错误，直接由 Java 系统处理。错误和异常分为 3 类：

(1) 用户输入错误：主要指用户输入的数据格式，没有按规定的形式输入，例如规定输入的日期顺序为年月日，而用户输入了日月年的顺序；

(2) 设备错误是不可预知的，且不可避免，例如，网络中断、硬盘磁道损坏等；

(3) 程序代码出错是因为程序设计和编写时考虑不全面而引起的，例如除数在程序运行过程中修改为 0。

Java 的异常处理是通过 3 个关键字来实现的，即 try、catch、finally。用 try 来执行一段程序，如果出现异常，系统抛出(throws)一个异常，可以通过它的类型来捕捉(catch)并处理它，或最后(finally)由缺省处理器来处理。每个 try 语句都需要至少一个相匹配的 catch 或者 finally 语句。

异常处理的过程如下：

```
try{
    //接受监视的程序块,在此区域内发生
    //的异常,由 catch 中指定的程序处理；
}catch(要处理的异常种类和标识符){
    //处理异常；
}catch(要处理的异常种类和标识符){
    //处理异常；
}
…
}finally{
    //最终处理；
}
```

捕获异常的最后一步是通过 finally 语句为异常处理提供一个统一的出口，使得在控制流程转到程序的其他部分以前，能够对程序的状态作统一的管理。无论 try 所指定的程序块中抛弃或不抛弃异常，也无论 catch 语句的异常类型是否与所抛弃的异常的类型一致，finally 所指定的代码都要被执行，它提供了统一的出口。也就是说在 try 后面增加的 finally 语句块一定会被执行。使用 finally 语句的原因在于，虽然在编写程序的时候可以捕捉多种异常，但仍会有一些意想不到的异常发生，且不能不被捕获；或者即使进行了异常处理，但还需要一些善后工作。通常在 finally 语句中可以进行资源的清除工作，如关闭打开的文件等。

2.5.2 自定义异常类

当系统所提供的异常不能满足需要时，需要开发者自定义异常。利用继承 Exception 类可以自定义异常类，如：

```
class myException extends Exception{ }
```

表示自定义的 myException 类是一个异常类，在该类中通常只是实现一个异常信息的提示，即在构造方法中调用 super()，输入提示信息即可。然后在程序中通过 throw 抛出该异常类所声明的对象，通过 catch 捕获。

【例 2-12】 自定义异常。

```
1.   class myException extends Exception{    //自定义异常类
2.       myException(String msg){
3.           super(msg);
4.       }
5.   }
6.   class exp_2_12{
7.       public static void main(String [] args){
8.           int month = 13;
9.           try{
10.              if(month < 1 || month >12)
11.                  throw new myException("月份超过了实际的数值");   //自定义异常
12.              else
13.                  System.out.println("当前月份是" + month + "月");
14.          }catch(myException e){
15.              System.err.println(e.toString());
16.          }
17.      }
18.  }
```

代码注释如下：

① 第 1 行：自定义异常类通常继承 Exception 类。

② 第 2～4 行：通常自定义异常类中只定义构造方法，在构造方法中提供异常提示信息。

③ 第 11 行：当发生需要的异常提示时，采用抛出 throw 的方法，抛出自定义异常对象。

习 题 2

1．抄写 Java 的关键字，掌握每个关键字的作用。
2．Java 的简单数据类型有哪些？分别占多少存储空间？其表示的数值范围是什么？
3．使用 Java 语言编写判断闰年的程序段。
4．理解在 Java 语言中对象、类、实例化、方法的概念。
5．在成员变量和成员方法的修饰符中，public、private、protected 和默认分别表示什么含义？
6．静态成员变量和静态成员方法的作用是什么？
7．如何定义一个常量？如何定义一个最终的方法？
8．主方法的作用是什么？如何定义一个主方法？
9．什么是方法的多态性？如何判断方法重载或者覆盖？

10．什么是抽象类？为什么要使用接口？

11．一个对象的生命周期包括了哪些阶段？

12．使用面向对象的方式描述一个矩形，矩形参数为两个边长，并编写方法计算矩形周长和面积。

13．在上题的基础上，描述一个长方体，并增加一个高，编写方法计算长方体的表面积和体积。

14．Java 的异常处理机制是什么？

15．在 Java 异常处理机制中 finally 的作用是什么？

16．如何自定义异常？

17．使用 Java 语言设计一个能计算万年历的程序。

18．设计异常类，用于提醒万年历中年月日出现的输入误差。

第3章 文件输入与输出

输入与输出是软件的基础功能,通常输入/输出包括对外部设备的输入/输出、文件读/写、节点对网络数据的读/写和线程之间的数据通信。在本章中将介绍基于系统标准设备的输入与输出、磁盘文件的输入与输出、文件压缩与 XML 解析等内容。

3.1 标准输入与输出

3.1.1 标准输入与输出

Java 程序使用字符界面与系统标准输入/输出界面进行数据通信,即从键盘读入数据,或向屏幕输出数据,这是十分常见的操作。Java 系统定义了三个通用流对象,分别为:
- 标准输入为键盘,定义为 public static final InputStream in;
- 标准输出为显示器,定义为 public static final PrintStream out;
- 标准错误显示输出为监视器,定义为 public static final PrintStream err。

这三个流对象包含在语言包 java.lang 的 System 中。System 是 Java 中的一个功能很强大的类,它不仅管理输入、输出流和错误流,利用它还可以获得很多 Java 运行时的系统信息。System 类的所有属性和方法都是静态的,可被直接调用。

Java 的标准输出 System.out 和 System.err 是从打印输出流 PrintStream 中继承而来的子类。PrintStream 是过滤输出类流 FilterOutputStream 的子类,其中定义了向屏幕输送不同类型数据的方法 print()和 println()。println()方法向屏幕输出其参数指定的变量或对象,然后再换行,使光标停留在屏幕的下一行第一个字符位置。如果 println()方法的参数为空,则输出一个空行。print()方法与 println()相同,不过输出对象后不附带回车,下一次输出时,将输出在同一行中。其用法如下:

    System.out.println("欢迎来到 Java 世界");
    System.err.println("第"+ 5 +"次发现错误");

Java 的标准输入 System.in 从 InputStream 中继承而来,用于从标准输入设备(如键盘)中获取输入数据。当程序需要从键盘读入数据的时候,需要调用 System.in 的 read()方法。如从键盘读入一个字节的数据:

1.   try{
2.   char ch1 = System.in.read();

```
3.         char ch2 = System.in.read();
4.         System.out.println(ch1 – ch2);
5.     }catch(IOException e){
6.         .......
7.     }
```

执行 System.in.read()方法将从键盘缓冲区读入一个字节的数据，然而返回的却是 16 位的整型量，其低位字节是真正输入的数据，高位字节是全零。另外，作为 InputStream 的对象，System.in 只能从键盘读取二进制的数据，而不能把这些信息转换成整数、字符、浮点数或字符串等复杂数据类型的量。

当键盘缓冲区中没有未被读取的数据时，执行 System.in.read()将导致系统转入阻塞状态。在阻塞状态下，当前流程将停留在上述语句位置，整个程序被挂起，等用户输入一个键盘数据后，才能继续运行下去。所以程序中可以利用 System.in.read()语句来达到暂时保留屏幕的目的。例如下面的语句段：

```
1.  System.out.println("按下任意键结束程序");
2.  try{
3.      char test = (char)System.in.read();
4.  }catch(IOExcetption e){
5.      .......
6.  }
```

当希望从键盘输入信息时，需要按照字符串的方式，连续输入多个键值保留在键盘缓冲区中，等待输入结束再转换为相应的数据类型。

【例 3-1】 实现从键盘输入数字。

```
1.  import java.io.*;
2.  public class exp_3_1{
3.      public static void main(String args[])throws IOException{
4.          BufferedReader br = new BufferedReader(new InputStreamReader(System.in));
5.          System.out.print("输入一个整数:");
6.          String str = br.readLine();
7.          int i = Integer.parseInt(str);
8.          System.out.print("输入一个实数:");
9.          String str = br.readLine();
10.         float f = Float.parseFloat(str);
11.         System.out.println("它们的和是" + ( i + f ));
12.     }
13. }
```

代码注释如下：

① 第 1 行由于涉及输入与输出，因而本程序要引用 java.io 类库包；

② 第 5 行创建一个输入对象流，该输入流用于接收系统标准输入设备的输入，即键盘输入；

③ 第 7 行通过调用 readLine()方法实现按行输入，回车符为结束；

④ 第 8 行通过键盘输入的数据均为字符类型，需要将其转换为适合的数据类型，在本例中是整数类型；

⑤ 第 10～11 行实现输入一个单精度数据。

3.1.2 Scanner 类

除了使用 BufferedReader 对象实现从 System.in 接收数据外，在 SDK1.5 中添加了 java.util.Scanner 类。Scanner 类是一个用于扫描输入文本的类，是 StringTokenizer 类和 Matcher 类之间的某种结合。由于任何数据都必须通过同一模式的捕获组检索或通过使用一个索引来检索文本的各个部分，因而可以结合使用正则表达式和从输入流中检索特定类型数据项的方法来实现键盘输入。这样，除了能使用正则表达式之外，Scanner 类还可以任意地对字符串和基本类型(如 int 和 double)的数据进行分析。借助于 Scanner，可以针对任何要处理的文本内容编写自定义的语法分析器，还可以使用该类创建一个对象，如下：

　　　　Scanner reader=new Scanner(System.in);

然后 reader 对象调用方法来读取用户在命令行输入的各种数据类型，这些方法包括：nextByte()，nextDouble()，nextFloat()，nextInt()，nextLine()，nextLong()，nextShort()。上述方法执行时都会造成堵塞，等待用户在命令行输入数据回车确认。例如，用户通过键盘输入 12.34，hasNextFloat()的返回值是 true，而 hasNextInt()的返回值是 false。NextLine()的作用是等待用户输入一个文本行并且回车，该方法得到一个 String 类型的数据。

【例 3-2】 利用 Scanner 输入数据。

```
1.    import java.util.*;
2.    public class exp_3_2{
3.        public static void main(String args[]){
4.            System.out.println("请输入若干个数,每输入一个数用回车确认");
5.            System.out.println("最后输入一个非数字结束输入操作");
6.            Scanner reader=new Scanner(System.in);
7.            double sum=0;
8.            int m=0;
9.            while(reader.hasNextDouble()){
10.               double x=reader.nextDouble();
11.               m=m+1;
12.               sum=sum+x;
13.           }
14.           System.out.println("%d 个数的和为%f/n",m,sum);
15.           System.out.println("%d 个数的平均值是%f/n",m,sum/m);
```

```
        16.    }
        17. }
```

代码注释如下：

① 第 1 行由于使用 Scanner 类创建输入对象，因而需要 java.util 类库；
② 第 6 行采用 Scanner 创建对象，使用 System.in 作为输入接口；
③ 第 9～13 行连续输入 double 类型的浮点数。

3.2 文件操作

对文件的操作也是输入与输出。在 Java 中，可对文件操作的有四个类，本节首先介绍通过 File 和 RandomAccessFile 类来实现文件操作。通过 File 类，可以获得文件属性和状态；通过 RandomAccessFile 类，可以处理任何类型的数据文件。

3.2.1 File 类

在文件操作中 File 类是很重要的类，File 类提供创建文件和目录以及访问文件信息的有关操作，并利用文件名和路径名来实例化一个文件类。

通常，在操作系统的文件名管理中使用与系统相关的路径名字符串来命名文件和目录。File 类可给出分层路径名的一个抽象的、与系统无关的视图。抽象路径名有两个组件：

(1) 可选的与系统有关的前缀字符串，如盘符，"/" 表示 UNIX 中的根目录，绝对路径名的前缀始终是 "/"，相对路径名没有前缀，表示根目录的绝对路径名的前缀为 "/" 并且没有名称序列。对于 Microsoft Windows 平台，包含盘符的路径名的前缀由驱动器名和一个 ":" 组成；如果路径名是绝对路径名，后面可能跟着 "\\"，则通用命名规则(Universal Naming Convention，UNC)路径名的前缀是 "\\\\"，主机名和共享名是名称序列中的前两个名称，没有指定驱动器的相对路径名无前缀。

(2) 零个或更多字符串名称的序列，除了最后一个，抽象路径名中的每个名称代表一个目录；最后一个名称既可以代表目录，也可以代表文件。空的抽象路径名没有前缀和名称序列。路径名字符串与抽象路径名之间的转换与系统有关。将抽象路径名转换为路径名字符串时，每个名称与下一个名称之间由单个默认分隔符隔开。默认名称分隔符由系统属性 file.separator 定义，也可以从此类的公共静态字段 separator 和 separatorChar 中得到。将路径名字符串转换为抽象路径名时，可以使用默认名称分隔符或者受基础系统支持的其他任何名称分隔符来分隔其中的名称。

无论是抽象路径名还是字符串路径名，都可以是绝对路径名或相对路径名。绝对路径名是完整的路径名，不需要任何其他信息就可以定位文件。相对路径名必须使用来自其他路径名的信息进行解释，默认情况下，java.io 包中的类总是根据当前用户目录来分析相对路径名。当前目录则由系统属性 user.dir 指定，通常是 Java 虚拟机的调用目录。

基于 Java 的平台无关性特点，Java 的文件访问机制也是独立于文件系统的。File 类的实例一旦创建，File 对象表示的抽象路径名将永不改变。File 类的定义如图 3-1 所示。

```
java.io
Class File

java.lang.Object
  └ java.io.File

All Implemented Interfaces:
    Comparable, Serializable


public class File
extends Object
implements Serializable, Comparable
```

图 3-1 File 类定义

其构造方法有：

● File(File parent, String child)；

根据 parent 抽象路径名和 child 路径名字符串创建一个新 File 实例。

● File(String pathname)；

通过将给定路径名字符串转换成抽象路径名来创建一个新 File 实例。

● File(String parent, String child)；

根据 parent 路径名字符串和 child 路径名字符串创建一个新 File 实例。

使用 File 类需要注意，它通过某个路径创建一个 File 类，并不需要这个目录或文件真正存在，仅是通过这个对象来保存对文件和目录的引用。

File 类的方法主要对文件属性进行操作，其常用的方法有：

● canRead()/canWrite()：用于判断该文件是否可以读/写，返回值为 boolean 类型。

● delete()：用于删除指定文件；mkdir()：用于创建目录；renameTo(File dest)：用于修改文件名称。返回值均为 boolean 类型。

● isDirectory()：用于判断文件对象是否为目录；isFile()：用于判断文件对象是否文件。返回值均为 boolean 类型。

● getName()：用于获得文件对象名称；getPath()：用于获得路径名称；getParent()：用于获得目录名称；getAbsolutePath()：用于获得绝对路径名。返回值为字符串类型。

● list()：如果文件对象是目录，则获得该目录中所有文件名，返回值为字符串数组。

● lastModified()：用于获得文件最后修改时间；length()：用于获得文件的字节长度。返回值均为 long 类型。

【例 3-3】 使用 File 类型构造对象，获得文件信息。

```
1.    import java.io.*;
2.    class exp_3_3{
3.        public static void main(String [] args){
4.            try{
5.                File myFile = new File("d:\\ScanPort\\test.java");
6.                System.out.println(myFile.getName() + "是目录? "+myFile.isDirectory());
7.                System.out.println("可读/写? "+myFile.canRead() + "/"+myFile.canWrite());
8.                System.out.println("文件字节长度"+myFile.length());
```

```
9.        System.out.println(myFile.getPath());
10.       System.out.println(myFile.getParent());
11.       System.out.println(myFile.getAbsolutePath());
12.       File newFile = new File("testNew.java");
13.       myFile.renameTo(newFile);
14.       System.out.println("修改该文件名为：testNew.java");
15.       System.out.println("该文件所在的目录中还有以下文件：");
16.       File myDir = new File(myFile.getParent());
17.       String [] files = myDir.list();
18.       for(int i=0; i<files.length; i++){
19.           System.out.println(files[i]);
20.       }
21.    }catch(Exception e){
22.       System.err.println(e.toString());
23.    }
24.  }
25. }
```

代码注释如下：

① 第 5 行输入文件的绝对路径，可以使用相对路径；

② 第 12～13 行，如果要修改文件的名称，则应首先构造一个目标名称的 File 对象，然后通过 rename()方法修改；

③ 第 16～20 行，若要获得本目录中所有的文件列表，则首先通过 getParent()获得路径名，再通过 list()获得文件名称数组，就可以以循环方法输出目录中所有的文件名称。

运行结果如图 3-2 所示。

```
test.java是目录？ false
可读？ true 可写？ true
文件字节长度399
d:\ScanPort\test.java
d:\ScanPort
d:\ScanPort\test.java
修改该文件名为：testNew.java
该文件所在的目录中还有以下文件：
aa.java
AAA.java
classes
exp4_13.java
exp_3_3.class
getURLInformation$1.class
getURLInformation$Listener.class
getURLInformation.class
getURLInformation.java
insure.class
insure.java
myException.class
mySocketException.java
```

图 3-2 exp_3_3 运行结果

3.2.2 RandomAccessFile 类

RandomAccessFile 类用于对多种格式的文件内容进行访问操作，该类支持对文件内容的随机访问，即可以在文件的任意位置上进行数据存/取操作。

RandomAccessFile 直接继承 Object 类，并同时实现了 DataInput 和 DataOutput 接口，但是它不属于 InputStream 和 OutputStream 类系，而是一个完全独立的类。它的所有方法都是重新开始写的，使得 RandomAccessFile 能在文件里面前后移动。实际上，RandomAccessFile 的工作方式是把 DataInputStream 和 DataOutputStream 叠加在一起，再添加其独有的一些方法，比如定位用的 getFilePointer( )，在文件里移动用的 seek( )，以及判断文件大小的 length( )。此外，它的构造函数还要一个表示以只读方式（"r"），还是以读/写方式（"rw"）打开文件的参数，但是它不支持只写文件。只有 RandomAccessFile 才支持 seek()方法，且该方法也只适用于文件对象。RamdomAccessFile 类的定义如图 3-3 所示。

图 3-3 RandomAccessFile 类的定义

RandomAccessFile 类的特点：
- 它实现对文件的非顺序方式随机存取；
- 它既是输入流，也是输出流，通过参数决定流的类型。

RandomAccessFile 类有两个构造方法，都需要提供文件的模式 "r" 或者 "rw"：
- Public RandomAccessFile(String name, String mode) throws FileNotFoundException
- Public RandomAccessFile(File file, String mode) throws FileNotFoundException

在使用 RandomAccessFile 类时，可能出现以下异常：
- IllegalArgumentException：在构造时提供的参数不吻合；
- IOException：输入/输出错误；
- SecurityException：读/写模式不对，即该文件自身所设定的只读和可写属性与 RandomAccessFile 中设定的属性有冲突；
- FileNotFoundException：在指定的路径里，未找到指定的文件。

【例 3-4】利用 RandomAccessFile 类构造对象，实现文件的读/写操作。

1. import java.io.*;

```
2.    public class exp_3_4{
3.        public static void main(String args[])throws IOException{
4.            RandomAccessFile rf = new RandomAccessFile("random.txt","rw");
5.            rf.writeBoolean(true);
6.            rf.writeInt(123456);
7.            rf.writeChar('j');
8.            rf.writeDouble(1234.56);
9.            rf.seek(1);       //文件指针跳转到 1 位置
10.           System.out.println(rf.readInt());
11.           System.out.println(rf.readChar());
12.           System.out.println(rf.readDouble());
13.           rf.seek(0);       //文件指针跳转到 0 位置
14.           System.out.println(rf.readBoolean());
15.           rf.close();
16.       }
17.   }
```

代码注释如下：

① 第 1 行所有的文件操作都需要引用 java.io 类库包；

② 第 4 行以读/写的方式打开文件 random.txt；

③ 第 5～8 行按照顺序写入布尔值、整数值、字符值和双精度值；

④ 第 9 行文件指针跳转，因为在文件写入时指针当前的位置为 4，通过 seek()修改文件指针位置为 1；

⑤ 第 10～12 行依次读取整数值、字符值和双精度值；

⑥ 第 13～14 行最后将指针指向 0 位置，读取布尔值。

运行结果如图 3-4 所示。

```
123456
j
1234.56
true
```

图 3-4 exp_3_4 运行结果

3.3 输入流与输出流

3.3.1 流的概念

在 Java 系统中，采用"流(Stream)"机制来实现输入/输出操作。流指一个数据序列，它是一种逻辑上的虚拟结构，其一端是数据源端，另一端是数据目的端。流的两端都有一定的数据缓冲区用来暂存数据，数据到达后先保存在缓冲区中，等待需要的时候再读取。

发送端也是等缓冲区中暂存一定数量的数据后再发送，这样的设计可以有效地提高传输效率。流的示意图如图 3-5 所示。

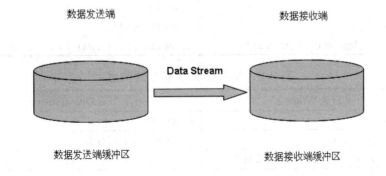

图 3-5　流的示意图

流是 Java 语言的核心，更是网络编程的核心。流的起点和终点作为信息源可以是文件、内存数据或者 Socket，信息按照一定顺序在两个端点之间流动。

在 Java 中，流分为输入流(Input Stream)和输出流(Output Stream)，并相应提供了两个抽象(abstract)的流操作类 InputStream 和 OutputStream。以这些类为基础，派生了许多类用于 I/O 的具体操作。在 Java.io 包中提供了 60 多个流相关类，其中，一部分如图 3-6 所示。

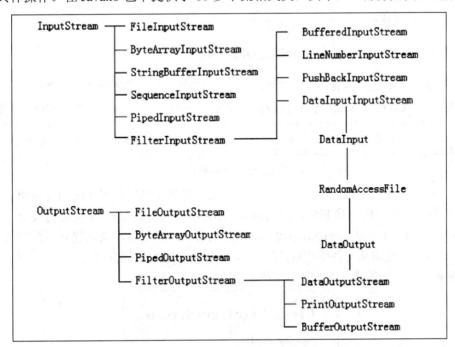

图 3-6　常用流

流从结构上可分为：以字节为处理单位的字节流(InputStream 和 OutputStream)；以字符为处理单位的字符流(Reader 和 Writer)。字符流和字节流在读取和输出时的方法略微存在差别，具体如表 3-1 和表 3-2 所示。

表 3-1　字符流和字节流的输入

字符流 Reader	字节流 InputStream
int read()	int read()
int read(byte [ ] buf)	int read(byte [ ] buf)
int read(byte [ ] buf, int offset, int length)	int read(byte [ ] buf, int offset, int length)

表 3-2　字符流和字节流的输出

字符流 Writer	字节流 OutputStream
void write()	void write()
void write(byte [ ] buf)	void write(byte [ ] buf)
void write(byte [ ] buf, int offset, int length)	void write(byte [ ] buf, int offset, int length)

无论哪种流的形式，I/O 操作的一般步骤如下：

(1) 使用引入语句引入 java.io 包：

　　import java.io.*;

(2) 根据不同的数据源和 I/O 任务，建立字节或者字符流；

(3) 若需要对字节或字符流信息组织加工为数据，则在已建字节或字符流对象上构建数据流对象；

(4) 用输入/输出对象类的成员方法进行读/写操作，需要时设置读/写位置指针；

(5) 关闭流对象。

3.3.2　FileInputStream 类与 FileOutputStream 类

在 Java 语言中统一地将每个文件都视为一个顺序字节流。每个文件或者结束于一个文件结束标志，或者根据系统维护管理数据中所记录的具体字节数来终止，如图 3-7 所示。

| 1 | 2 | 3 | 4 | 5 | 6 | … | n-1 | 文件结束符 |

图 3-7　文件顺序

当使用 Java 打开一个文件时，就创建一个文件对象，同时使多个流与该对象关联。最经常使用的输入和输出流是 FileInputStream/FileOutputStream。这两个类是有关于文件操作的类，它们分别由 InputStream/OutputStream 派生而来，其主要功能是建立一个与文件相关的输入/输出流，提供从文件中读取/写入一个字节或一组数据的方法。

FileInputStream 的类定义如图 3-8 所示。

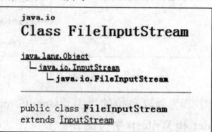

图 3-8　FileInputStream 类定义

在 FileInputStream 类提供的构造方法中常用的有 2 个，分别是：
● public FileInputStream(String name) throws FileNotFoundException，带入参数为文件的绝对路径名或者相对路径名，如果文件未找到将抛出异常；
● public FileInputStream(File file) throws FileNotFoundException，带入参数为 File 对象，如果该 File 对象提供的文件不存在将抛出异常。

FileInputStream 类中提供的重要方法包括：
● int available()，获得文件的可读长度；
● void close()，关闭输入流，释放资源；
● int read()，从文件中读取一个字节长度的内容；
● int read(byte [] buf)，从文件中读取一个字节数组长度；
● int read(byte [] buf, int off, int len)，从文件中读取指定长度的字节到数组中，其中 off 是 offset 的缩写，len 是 length 的缩写；
● long skip(long n)，文件指针跳过字符数。

FileOutputStream 类定义如图 3-9 所示。

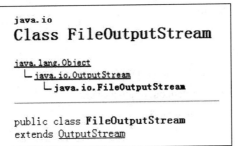

图 3-9　FileOutputStream 类定义

FileOutputStream 类中常用的构造方法分别为：
● public FileOutputStream(String name) throws FileNotFoundException，参数采用文件名，如果该文件存在则用新文件覆盖旧文件，如果该文件不存在则创建新文件；
● public FileOutputStream(String name, boolean append) throws FileNotFoundException，参数采用文件，当 append 取值为 true 时，新数据添加在当前文件尾部，否则覆盖旧文件；
● public FileOutputStream(File file) throws FileNotFoundException，参数采用 File 对象；
● public FileOutputStream(File file, boolean append) throws FileNotFoundException，参数采用 File 对象，当 append 取值为 true 时，新数据添加在当前文件尾部，否则覆盖旧文件。

FileOutputStream 类中提供的重要方法包括：
● void close()，关闭输出流，释放资源；
● void write(byte b)throws IOException，写入一个字节数据；
● void write(byte [] b)throws IOException，连续写入一个字节数组的数据；
● void write(byte [] b, int off, int len)throws IOException，连续写入一定长度的字节数组数据。

【例 3-5】　FileInputStream/FileOutputStream 实现文件复制操作。
  1. import java.io.*;
  2. class exp_3_5{

```java
3.    public static void main(String args[]){
4.        int i;
5.        FileInputStream fin;
6.        FileOutputStream fout;
7.        try{
8.            fin = new FileInputStream("records.txt");
9.        }catch(FileNotFoundException e){
10.           System.err.println("未找到文件"+ "records.txt");
11.           return;
12.       }
13.       try{
14.           fout = new FileOutputStream("backup.txt", true);
15.       }catch(FileNotFoundException e){
16.           System.err.println("未找到文件"+ "backup.txt");
17.           return;
18.       }
19.       try{
20.           while((i = fin.read())!=-1){
21.               System.out.print((char)i);
22.               fout.write(i);
23.           }
24.       }catch(IOException e){
25.           System.err.println("文件操作失败"+e.toString());
26.       }
27.       try{
28.           fin.close();
29.           fout.close();
30.       }catch(Exception e){
31.           System.err.println(e.toString());
32.       }
33.   }
34. }
```

代码注释如下：

① 第4～6行的变量 i 用于作为文件复制的中间变量，fin 为文件输入流，fout 为文件输出流；

② 第7～12行创建一个文件输入流，打开文件为 records.txt；

③ 第13～18行创建一个文件输出流，打开文件为 backup.txt；

④ 第19～26行进行文件的复制，在这里采用单字节的复制方式，效率比较低；

⑤ 第27～32行关闭文件流，释放资源。

字节文件流 FileInputStream / FileOutputStream 只能提供纯字节或字节数组的 I/O，如果要进行基本数据类型，如整数 123、浮点数 123.45 等的输入与输出，需要使用过滤流类来处理。过滤流是建立在字节流和字符流的基础上的数据流。过滤输入流从其他输入流获得输入，而过滤输出流则是向其他输出流输出。构造过滤流时必须要以另一个流作为参数传递给构造器。通常，过滤流被称为高级流。

3.3.3 DataInputStream 类和 DataOutputStream 类

在对数据类型的文件进行输入与输出操作时，常用的两个类是 DataInputStream 和 DataOutputStream。它们提供了与平台无关的数据操作，可以得到 Java 的各种基本类型的数据。这两个类必须和一个 I/O 对象联系起来，而不能直接使用文件名或者对象建立。类的定义如图 3-10 所示。

```
java.io                              java.io
Class DataInputStream                Class DataOutputStream

java.lang.Object                     java.lang.Object
  └ java.io.InputStream                └ java.io.OutputStream
      └ java.io.FilterInputStream         └ java.io.FilterOutputStream
          └ java.io.DataInputStream           └ java.io.DataOutputStream

All Implemented Interfaces:          All Implemented Interfaces:
DataInput                            DataOutput

public class DataInputStream         public class DataOutputStream
extends FilterInputStream            extends FilterOutputStream
implements DataInput                 implements DataOutput
```

图 3-10 DataInputStream/DataOutputStream 类定义

这两个类提供了对于简单数据类型的操作方法，如表 3-3 所示。

表 3-3 用于简单数据类型的操作方法

数据类型	DataInputStream	DataOutputStream
byte	readByte	writeByte
short	readShort	writeShort
int	readInt	writeInt
long	readLong	writeLong
float	readFloat	writeFloat
double	readDouble	writeDouble
boolean	readBoolean	writeBoolean
char	readChar	writeChar
String	readUTF	writeUTF
byte[]	readFully	

【例3-6】 使用 FileOutputStream 类和 FileInputStream 类实现文件操作，保存和读取 Fibnacci 数列。

```
1.  import java.io.*;
2.  public class exp_3_6{
3.      public static void main(String args[]){
4.          try{
5.              OutputStream fos = new FileOutputStream("c://fib.dat");
6.              DataOutputStream dos = new DataOutputStream(fos);
7.              int i = 1, j = 1;
8.              for(count =0;count<20;count++){
9.                  dos.writeInt(i);
10.                 int k = i + j;
11.                 i = j;
12.                 j = k;
13.             }
14.             dos.flush();
15.             dos.close();
16.             fos.close();
17.         }catch(Exception e){
18.             System.err.println(e.toString());
19.         }
20.         try{
21.             InputStream fis = new FileInputStream("c://fib.dat");
22.             DataInputStream dis = new DataInputStream(fis);
23.             int k = 0;
24.             while(k != -1){
25.                 k = dis.readInt();
26.                 System.out.println(k);
27.             }
28.             dis.close();
29.             fis.close();
30.         }catch(Exception e){
31.             System.err.println(e.toString());
32.         }
33.     }
34. }
```

代码注释如下：

① 第 5～6 行实现采用输出流的方法，打开一个用于保存数据的文件 fib.dat，并采用 DataOutputStream 与之关联；

② 第 7~13 行创建 Fibnacci 数列；
③ 第 14 行通过 flush()方法将输出缓存中数据写入磁盘文件中；
④ 第 15~16 行关闭输出文件流；
⑤ 第 21~22 行创建输入文件流；
⑥ 第 23~27 行通过 readInt()方法读取文件中保存的数字数据；
⑦ 第 28~29 行关闭输入文件流。

3.4 文 件 压 缩

3.4.1 压缩原理

数据压缩是通过数学运算将较大尺寸的文件变为较小尺寸的文件的数字处理技术，常用于文件的存储和网络传输。利用算法将文件有损或无损地压缩处理，以达到保留最多文件信息，而令文件体积变小的目的。

大多数计算机文件类型都包含相当多的冗余内容——它们会反复列出一些相同的信息。文件压缩程序就是要消除这种冗余现象。与反复列出某一块信息不同，文件压缩程序只列出该信息一次，然后当它在原始程序中出现时再重新引用它。压缩文件的基本原理是查找文件内的重复字节，并建立一个相同字节的"词典"文件，并用一个代码表示。比如：肯尼迪(John F. Kennedy)在 1961 年的就职演说中曾说过下面这段著名的话：Ask not what your country can do for you——ask what you can do for your country.(不要问国家能为你做些什么，而应该问自己能为国家做些什么。) 这段话有 17 个单词，包含 61 个字母、16 个空格、1 个破折号和 1 个句点。如果每个字母、空格或标点都占用 1 个内存单元，那么文件的总大小为 79 个单元。为了减小文件的大小，需要找出冗余的部分。如果忽略大小写字母间的区别，这个句子有一半是冗余的。9 个单词(ask，not，what，your，country，can，do，for，you)几乎提供了组成整句话所需的所有东西。为了构造出另一半句子，可拿出前半段句子中的单词，然后加上空格和标点。因此，得到的字典是：ask，what，your，country，can，do，for，you。最后存储的内容是：1 not 2 3 4 5 6 7 8——1 2 8 5 6 7 3 4。

由于计算机处理的信息是以二进制数的形式表示的，因此压缩软件就是把二进制信息中相同的字符串以特殊字符标记来达到压缩的目的。其实，所有的计算机文件归根结底都是以"1"和"0"的形式存储的，只要通过合理的数学计算公式，文件的体积都能够被大大压缩以达到"数据无损稠密"的效果。总的来说，压缩可以分为有损和无损压缩两种。如果丢失个别的数据不会造成太大的影响，这时忽略它们是个好主意，这就是有损压缩。有损压缩广泛应用于动画、声音和图像文件中，典型的代表就是视频文件格式 mpeg、音频文件格式 mp3 和图像文件格式 jpg。但是更多情况下压缩数据必须准确无误，人们便设计出了无损压缩格式，比如常见的 zip，rar 等。压缩软件自然就是利用压缩原理压缩数据的工具，压缩后所生成的文件称为压缩包(archive)，体积只有原来的几分之一甚至更小。当然，压缩包已经是另一种文件格式了，如果你想使用其中的数据，首先得用压缩软件把数据还原，这个过程称作解压缩。常见的压缩软件有 winzip，winrar 等。

在网络通信时，如果需要文件的传输，使用压缩数据的机制，可以减小文件的大小，有效地利用网络带宽和节省数据传输时间。所以，从互联网上下载的程序和文件，可能很多都是经过压缩的。

3.4.2　Java 的压缩实现

Java 实现了 I/O 数据流与网络数据流的单一接口，因此压缩、网络传输和解压缩容易实现。在 java.util.zip 类库包中提供了标准读/写 ZPI 和 GZIP 文件方法。

一个 ZIP 文件由多个文件组成，在 Java 中采用入口(entry)来标识，每个 entry 有一个唯一的名称，entry 的数据项存储压缩数据，如图 3-11 所示。

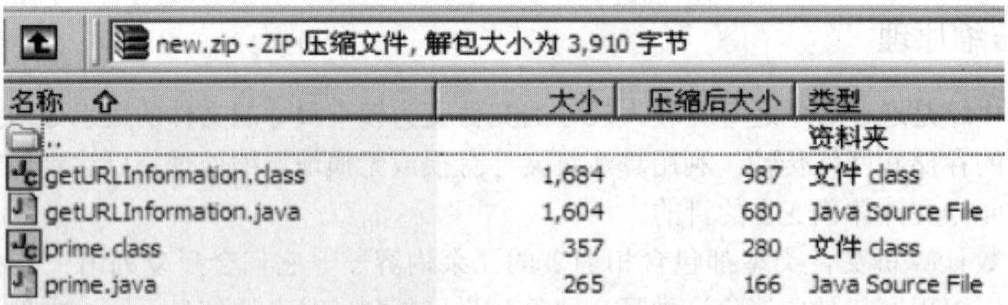

图 3-11　Zip 文件

为了实现对于 ZIP 文件的描述，在 Java 语言中提供了两个类，分别是 ZipFile 和 ZipEntry。

1. ZipFile 类

ZipFile 类用于创建一个 ZIP 格式压缩文件的对象，其作用类似于文件描述 File 类，如图 3-12 所示。

java.util.zip

Class ZipFile

java.lang.Object
　└ **java.util.zip.ZipFile**

All Implemented Interfaces:
　java.util.zip.ZipConstants

Direct Known Subclasses:
　JarFile

```
public class ZipFile
extends Object
implements java.util.zip.ZipConstants
```

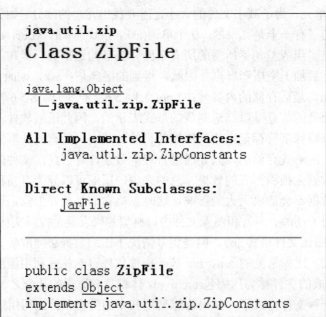

图 3-12　ZipFile 类定义

在 ZipFile 中常用的构造方法有:
- public ZipFile(File file)throws ZipException, IOException,根据输入的文件对象创建 ZipFile 对象;
- public ZipFile(String name)throws IOException,根据输入的文件名创建 ZipFile 对象;
- public ZipFile(File file, int mode)throws IOException,根据文件对象和编辑模式创建对象,其中 mode 取值为 OPEN_READ 或者 OPEN_READ|OPEN_DELETE。

ZipFile 类提供的重要的方法有:
- void close(),关闭压缩文件,释放资源;
- Enumeration entries(),获得压缩包内文件列表;
- ZipEntry getEntry(String name),获得指定的压缩包内文件名的入口;
- InputStream getInputStream(ZipEntry entry) throws IOException,获得指定被压缩文件的输入流;
- int Size(),获得压缩包内文件的数量。

2. ZipEntry 类

ZipEntry 类用于创建一个 ZIP 格式压缩文件的入口对象,其定义如图 3-13 所示。

图 3-13　ZipEntry 类定义

ZipEntry 类的常用构造方法为:
- ZipEntry(String name),创建一个指定被压缩文件的入口对象。

ZipEntry 类提供的主要方法包括:
- String getName(),获得被压缩文件名称;
- long getSize(),获得被压缩文件经压缩后的尺寸;
- long getTime(),获得被压缩的时间;
- boolean isDirectory(),判断是否为目录。

除了 ZipFile 类和 ZipEntry 类以外,还需要 ZipInputStream 类和 ZipOutputStream 类,实现对压缩文件的输入与输出,后两个类定义如图 3-14 所示。

```
java.util.zip
Class ZipInputStream

java.lang.Object
    └ java.io.InputStream
        └ java.io.FilterInputStream
            └ java.util.zip.InflaterInputStream
                └ java.util.zip.ZipInputStream

All Implemented Interfaces:
    java.util.zip.ZipConstants

Direct Known Subclasses:
    JarInputStream

public class ZipInputStream
extends InflaterInputStream
implements java.util.zip.ZipConstants
```

```
java.util.zip
Class ZipOutputStream

java.lang.Object
    └ java.io.OutputStream
        └ java.io.FilterOutputStream
            └ java.util.zip.DeflaterOutputStream
                └ java.util.zip.ZipOutputStream

All Implemented Interfaces:
    java.util.zip.ZipConstants

Direct Known Subclasses:
    JarOutputStream

public class ZipOutputStream
extends DeflaterOutputStream
implements java.util.zip.ZipConstants
```

图 3-14 ZipInputStream 类和 ZipOutputStream 类定义

【例 3-7】 对指定目录中的文件进行压缩。

```
1.  import java.text.*;
2.  import java.util.zip.*;
3.  import java.io.*;
4.  class Zipper{
5.      String zipTarget;
6.      String zipSource;
7.      Zipper(String fileTarget, String fileSource){
8.          zipTarget = fileTarget;
9.          zipSource = fileSource;
10.     }
11.     public void compress(){
12.         try{
13.             FileOutputStream fout = new FileOutputStream(zipTarget);
14.             ZipOutputStream zout = new ZipOutputStream(fout);
15.             zout.setLevel(9);
16.             File file = new File(zipSource);
17.             if(file.isDirectory()){
18.                 String [] fileList = file.list();
19.                 for(int i=0;i<fileList.length; i++){
20.                     ZipEntry ze = new ZipEntry(fileList[i]);
21.                     System.out.println("正在压缩文件  " + fileList[i]);
22.                     FileInputStream fin = new FileInputStream(file+"\\"+fileList[i]);
23.                     zout.putNextEntry(ze);
```

```
24.                    int c = -1;
25.                    while((c = fin.read()) != -1){
26.                        zout.write(c);
27.                    }
28.                    fin.close();
29.                }
30.            }
31.            zout.closeEntry();
32.            zout.close();
33.        }catch(Exception e){
34.            System.err.println(e.toString());
35.        }
36.    }
37.    public static void main(String [] args){
38.        Zipper z = new Zipper("history.zip", "d:\\temp\\");
39.        z.compress();
40.    }
41. }
```

代码注释如下:

① 第 1~3 行引入必要的类库包;

② 第 5~6 行分别列出压缩文件名称和被压缩的目录名称;

③ 第 13~14 行设置生成的压缩文件流;

④ 第 15 行设置压缩文件的目录层次最大为 9;

⑤ 第 16 行获得被压缩目录中的文件名称数组;

⑥ 第 17~30 行为目录中的每一个文件构造 ZipEntry 对象, 通过 read()方法从原始文件中读取数据, 通过 write()方法写入压缩文件中。

运行结果如图 3-15 所示。

图 3-15 实现 ZIP 压缩

【例 3-8】 对压缩文件解压缩。

```
1.    import java.util.*;
2.    import java.text.*;
3.    import java.util.zip.*;
4.    import java.io.*;
5.    class UnZipper{
```

```
6.          String zipSource;
7.          UnZipper(String zipFile){
8.              zipSource = zipFile;
9.          }
10.         public static void main(String [] args){
11.             UnZipper uz = new UnZipper("history.zip");
12.             uz.unCompress();
13.         }
14.         public void unCompress(){
15.             try{
16.                 ZipFile zf = new ZipFile(zipSource);
17.                 Enumeration es = zf.entries();
18.                 System.out.println("开始解压缩");
19.                 while(es.hasMoreElements()){
20.                     ZipEntry ze = (ZipEntry)es.nextElement();
21.                     System.out.println("当前解压文件为: " + ze.getName());
22.                     if(ze.isDirectory()){
23.                         File ff = new File("newZip", ze.getName());
24.                         ff.mkdirs();
25.                     }else{
26.                         InputStream in = zf.getInputStream(ze);
27.                         File ff = new File("newZip", ze.getName());
28.                         File fp = ff.getParentFile();
29.                         fp.mkdirs();
30.                         FileOutputStream fout = new FileOutputStream(ff);
31.                         int c;
32.                         while((c = in.read()) != -1)fout.write(c);
33.                     }
34.                 }
35.             }catch(Exception e){
36.                 System.err.println(e.toString());
37.             }
38.         }
39.     }
```

代码注释如下：

① 第11行指定待解压缩的文件history.zip；

② 第16行生成ZipFile对象；

③ 第17行获得压缩文件中各被压缩文件的入口列表；

④ 第19行利用while循环实现对被压缩文件列表的访问；

⑤ 第 22 行判断是否为目录，是则建立目录；
⑥ 第 25 行如果是文件，则进行解压缩操作。

运行结果如图 3-16 所示。

图 3-16 解压缩运行结果

3.5 XML 解析

3.5.1 XML

XML(eXtensible Markup Language，可扩展标记语言)是一种用于标记电子文件使其具有结构性的标记语言，可以用来标记数据、定义数据类型，是一种允许用户对自己的标记语言进行定义的源语言。XML 是标准通用标记语言(Standard Generalized Markup Language，SGML) 的子集，非常适合 Web 传输。XML 提供统一的方法来描述和交换独立于应用程序或供应商的结构化数据。XML 的平台无关性、语言无关性、系统无关性，给数据集成与交互带来了极大的方便，使它成为一种通用的数据交换格式。

在 XML 中大量使用了标签，这些标签由包围在一个小于号(<)和一个大于号(>)之间的文本组成，例如 <tag>。起始标签(start tag)表示一个特定区域的开始，例如 <start>；结束标签(end tag)定义了一个区域的结束，除了在小于号之后紧跟着一个斜线(/)外，其他和起始标签基本一样，例如 </end>。SGML 还定义了标签的特性(attribute)，它们是定义在小于号和大于号之间的值，例如 <img src="picture.jpg">中的 src 特性。

【例 3-9】 一个简单的 XML 文件。

```
<?xml version="1.0" encoding="UTF-8"?>
<chat>
    <message>
        <sender>张华</sender>
        <receiver>李明</receiver>
        <content>你好，我来自西安</content>
    </message>
</chat>
```

XML 在不同的语言里解析方式都是一样的，只不过实现的语法不同而已。基本的解析方式有两种，一种叫 SAX，另一种叫 DOM。SAX 是基于事件流的解析，DOM 是基于 XML 文档树结构的解析。其中 DOM 是 W3C 的正式推荐，本节主要介绍 Java 应用程序如何使用 DOM 解析或转换 XML 文件。要创建 DOM 或 SAX 解析器,需要使用 JAXP(Java API for XML Processing)。

为了简化编写处理 XML 的 Java 程序,人们已经建立了多种编程接口。这些接口或者由公司定义,或者由标准体或用户组定义,以满足 XML 程序员的需要。主要的编程接口有以下四种:

- Document Object Model(DOM,文档对象模型),Level 2;
- Simple API for XML (SAX) Version 2.0;
- JDOM,Jason Hunter 和 Brett McLaughlin 创立的一种简单 Java API;
- Sun 推出的 JAXB(Java Architecture for XML Binding)。

3.5.2 DOM4J

DOM4J 是 dom4j.org 出品的一个开源 XML 解析包,它是一个易用的、开源的库,用于 XML,XPath 和 XSLT。DOM4J 应用于 Java 平台,采用了 Java 集合框架并完全支持 DOM、SAX 和 JAXP。DOM4J 是一个非常非常优秀的 Java XML API,具有性能优异、功能强大和易于使用的特点,同时它也是一个开放源代码的软件。在 IBM developer 社区的文章中提到一些 XML 解析包的性能比较,指出 DOM4J 的性能非常出色,在多项测试中名列前茅。

DOM4J 最大的特色是采用"面向接口编程"思路,提供了大量的接口,这也是它被认为比 JDOM 灵活的主要原因。它的主要接口大部分由 Node 继承来,都在 org.dom4j 这个包里定义如下:

- interface org.dom4j.Attribute,定义了 XML 的属性;
- interface org.dom4j.Branch,为能够包含子节点的节点如 XML 元素(Element)和文档 (Docuemnts)定义了一个公共的行为;
- interface org.dom4j.CDATA,定义了 XML CDATA 区域;
- interface org.dom4j.CharacterData,是一个标识接口,标识基于字符的节点,如 CDATA,Comment, Text;
- interface org.dom4j.Comment,定义了 XML 注释的行为;
- interface org.dom4j.Document,定义了 XML 文档;
- interface org.dom4j.DocumentType,定义 XML DOCTYPE 声明;
- interface org.dom4j.Element,定义 XML 元素;
- interface org.dom4j.Entity,定义 XML entity;
- interface org.dom4j.Node,为所有的 dom4j 中 XML 节点定义了多态行为;
- interface org.dom4j.ProcessingInstruction,定义 XML 处理指令;
- interface org.dom4j.Text,定义 XML 文本节点。

如今你可以看到越来越多的 Java 软件都在使用 DOM4J 来读写 XML,特别值得一提的是连 Sun 公司的 JAXM 也在用 DOM4J。

【例 3-10】 利用 DOM4J 实现 XML 文档的写入和解析代码例 3-9 的内容。

1. import java.io.File;
2. import java.io.FileWriter;

第3章 文件输入与输出

```java
3.    import java.io.IOException;
4.    import java.io.Writer;
5.    import java.util.Iterator;
6.    import org.dom4j.Document;
7.    import org.dom4j.DocumentException;
8.    import org.dom4j.DocumentHelper;
9.    import org.dom4j.Element;
10.   import org.dom4j.io.SAXReader;
11.   import org.dom4j.io.XMLWriter;
12.   public class exp_3_10 implements XmlDocument {
13.       public void createXml(String fileName) {
14.           Document document = DocumentHelper.createDocument();
15.           Element chat=document.addElement("chat");
16.           Element message=employees.addElement("message");
17.           Element sender= employee.addElement("sender");
18.           sender.setText("张华");
19.           Element receiver=employee.addElement("receiver");
20.           receiver.setText("李明");
21.           Element content=employee.addElement("content");
22.           content.setText("你好，我来自西安");
23.           try {
24.               Writer fileWriter=new FileWriter(fileName);
25.               XMLWriter xmlWriter=new XMLWriter(fileWriter);
26.               xmlWriter.write(document);
27.               xmlWriter.close();
28.           } catch (IOException e) {
29.               System.err.println(e.toString());
30.           }
31.       }
32.       public void parserXml(String fileName) {
33.           File inputXml=new File(fileName);
34.           SAXReader saxReader = new SAXReader();
35.           try {
36.               Document document = saxReader.read(inputXml);
37.               Element employees=document.getRootElement();
38.               for(Iterator i = employees.elementIterator(); i.hasNext();){
39.                   Element employee = (Element) i.next();
40.                   for(Iterator j = employee.elementIterator(); j.hasNext();){
41.                       Element node=(Element) j.next();
```

```
42.                    System.out.println(node.getName()+":"+node.getText());
43.                }
44.            }
45.        } catch (DocumentException e) {
46.            System.err.println(e.toString());
47.        }
48.    }
49. }
```

代码注释如下：
① 第 1～5 行引入 IO 类库包；
② 第 6～11 行引入 DOM4J 类库包，该类库包含在默认的 SDK 中，需要另外下载 dom4j-1.61.jar 和 jdom.jar 包，并加入到 SDK Profile 中才能正确编译；
③ 第 13～31 行向 XML 写入数据；
④ 第 14～22 行构造元素节点；
⑤ 第 23～30 行实现 XML 文件写入；
⑥ 第 32～48 行实现 XML 文件解析；
⑦ 第 34 行加载 XML 解析器；
⑧ 第 36 行创建 XML 文档根；
⑨ 第 37 行获得该文件的根元素；
⑩ 第 38～44 行实现文件中子元素读取。

习 题 3

1．File 类的作用是什么？都提供了哪些方法？
2．RandomAccessFile 类的作用是什么？如何实现对各类简单数据类型的操作？
3．在 Java 语言中处理数据基于流的形式，流有哪些分类形式？
4．如何使用 FileInputStream 和 FileOutputStream 类？它们和 FileRandomAccess 类的区别是什么？
5．什么是压缩，压缩的优点是什么？
6．在 Java 中提供了哪些类实现压缩和解压缩操作？
7．什么是 XML？XML 的用途是什么？
8．设计一个具有对指定的目录实现整体复制和删除功能的程序。
9．自行设计一个关于聊天信息存储的文件，并采用压缩的方法进行保存。
10．将第 9 题的文件内容使用 XML 的方法进行存储。

第 4 章　InetAddress 类和 URL 类

网络通信的首要工作是进行资源的定位，资源包括通信主机和内容。本章中将介绍如何通过 InetAddress 类描述网络上指定主机，并通过 URL 类标识访问 Web 网络资源，学习使用转换字符编码方法，解决下载 Web 页面时出现的中文乱码问题。

4.1　网络地址与域名

4.1.1　网络地址

当前的计算机网络以基于 TCP/IP 的互联网络应用最为广泛，在互联网中以 IP 地址唯一地标识一台接入网络的主机。IP 地址存在 IPv4 和 IPv6 两个版本，其中 IPv4 采用 32 位标识，是实际应用的地址，IPv6 采用 128 位标识，属于仍处于研究中的地址。

所有公开的 IP 地址由国际组织 NIC(Network Information Center)负责统一分配，通过公开的 IP 地址可以直接访问因特网。目前全世界共有三个这样的网络信息中心，分别是：InterNIC，负责美国及其他地区；ENIC，负责欧洲地区；APNIC，负责亚太地区。我国申请 IP 地址要通过 APNIC，APNIC 的总部设在澳大利亚布里斯班。申请时要考虑需求哪一类的 IP 地址，然后通过国内的代理机构提出 IP 地址申请。

IPv4 地址是一个 32 位的二进制数，通常被分割为 4 组 8 位二进制数，即 4 个字节。IP 地址通常采用"点分十进制"表示成(a.b.c.d)的形式，其中，a、b、c、d 都是 0～255 之间的十进制整数。例如：点分十进 IP 地址(100.4.5.6)，实际上是 32 位二进制数(01100100.00000100.00000101.00000110)。IP 地址由两部分组成，一部分为网络地址，另一部分为主机地址。

IP 地址分为 A、B、C、D、E 5 类，以及特殊地址。

1. A 类 IP 地址

A 类 IP 地址是指在 IP 地址的四段号码中，第一段号码为网络号码，剩下的三段号码为主机号码。如果用二进制表示 IP 地址的话，A 类 IP 地址就由 1 字节的网络地址和 3 字节的主机地址组成，网络地址的最高位必须是"0"。A 类 IP 地址中网络标识的长度为 8 位，主机标识的长度为 24 位。A 类网络地址数量较少，可以用于主机数为 1600 多万台的大型网络。A 类 IP 地址的地址范围为 1.0.0.0～126.255.255.255(二进制表示为 00000001 00000000 00000000 00000000～01111110 11111111 11111111 11111111)。A 类 IP 地址的子网掩码为 255.0.0.0，每个网络支持的最大主机数为 $2^{24} - 2 = 16\ 777\ 214$ 台。

2. B 类 IP 地址

B 类 IP 地址是指在 IP 地址的四段号码中，前两段号码为网络号码，后两段号码为主机地址。如果用二进制表示 IP 地址的话，B 类 IP 地址就由 2 字节的网络地址和 2 字节的主机地址组成，网络地址的最高位必须为"10"。

B 类 IP 地址中网络标识的长度为 16 位，主机标识的长度为 16 位。B 类网络地址适用于中等规模的网络，每个网络所能容纳的计算机数为 6 万多台。

B 类 IP 地址的地址范围为 128.0.0.0～191.255.255.255(二进制表示为 10000000 00000001 00000000 00000000～10111111 11111111 11111111 11111111)。

B 类 IP 地址的子网掩码为 255.255.0.0，每个网络支持的最大主机数为 $2^{16} - 2 = 65\,534$ 台。

3. C 类 IP 地址

C 类 IP 地址是指在 IP 地址的四段号码中，前三段号码为网络号码，剩下的一段号码为主机号码。如果用二进制表示 IP 地址的话，C 类 IP 地址就由 3 字节的网络地址和 1 字节的主机地址组成，网络地址的最高位必须为"110"。

C 类 IP 地址中网络标识的长度为 24 位，主机标识的长度为 8 位。C 类网络地址数量较多，适用于小规模的局域网络，每个网络最多只能包含 254 台计算机。

C 类 IP 地址的范围为 192.0.0.0～223.255.255.255(二进制表示为 11000000 00000000 00000000 00000000～11011111 11111111 11111111 11111111)。

C 类 IP 地址的子网掩码为 255.255.255.0，每个网络支持的最大主机数为 $2^{8} - 2 = 254$ 台。

在当前，互联网中的主机使用的 IPv4 通常是 B 和 C 两类。

另外还存在几类特殊的网络地址：

- "1110"开始的地址，即 D 类地址，被称为组播地址。IP 地址范围在 224.0.0.0～239.255.255.255 之内的属于组播地址。
- IP 地址中凡是以"11110"开头的 E 类 IP 地址都保留，用于将来和试验使用。
- 每一个字节都为 0 的地址（"0.0.0.0"）表示当前主机。
- IP 地址中的每一个字节都为 1 的 IP 地址（"255.255.255.255"）是当前子网的广播地址。
- IP 地址中不能以十进制"127"作为开头，该类地址中 127.0.0.0～127.1.1.1 用于软件回路测试，如：127.0.0.1 可以代表本机 IP 地址，用"http://127.0.0.1"就可以测试本机中配置的 Web 服务器。
- 网络 ID 的第一个 6 位组也不能全置为"0"，全"0"表示本地网络。

为了解决 IPv4 地址快速消耗和隔离内外网络的目的，NIC 还公布了三种专用的私有地址(Private address)，它属于非注册地址，专门为组织机构内部使用。

A 类：10.0.0.0～10.255.255.255；
B 类：172.16.0.0～172.31.255.255；
C 类：192.168.0.0～192.168.255.255。

IPv4 地址的分类详见表 4-1。

表 4-1 IPv4 地址分类

分 类	地址起	地址终	备 注
A	1.0.0.0.	126.255.255.255	允许有 126 个网络
B	128.0.0.0	191.255.255.255	允许有 16384 个网络
C	192.0.0.0	223.255.255.255	允许有大约 200 万个网络
D	224.0.0.0	239.255.255.255	组播地址
E	240.0.0.0	255.255.255.254	仅供试验的地址，保留
内部环回测试	127.0.0.0	127.255.255.255	
内部网络地址	10.0.0.0 172.16.0.0 192.168.0.0	10.255.255.255 172.31.255.255 192.168.255.255	
通用广播地址	255.255.255.255		
本主机	0.0.0.0		

4.1.2 域名系统

虽然 IP 地址可以唯一标识网络中的主机，但 IP 是由无规律的数字组成的，不便于记忆和访问。于是就提出了使用容易记忆的域名(Domain Name)名称来标识网络主机。互联网名称与数字地址分配机构(the Internet Corporation for Assigned Name and Numbers，ICANN)，一个非营利的 Internet 管理组织，负责监视与 Internet 域名和地址有关的政策和协议。

域名是由一串用点分隔的名字组成的 Internet 上某一台计算机或计算机组的名称，用于在数据传输时标识计算机的电子方位(有时也指地理位置)。目前域名已经成为互联网的品牌、网上商标保护必备的产品之一。企业、政府、非政府组织等机构或者个人在域名注册商那里注册的名称，是互联网上企业域名或机构间相互联络的网络地址。

域名系统(Domain Name System，DNS)规定，域名中的标号都由英文字母和数字组成，每一个标号不超过 63 个字符，也不区分大小写字母。标号中除连字符(-)外不能使用其他的标点符号。级别最低的域名写在最左边，而级别最高的域名写在最右边。由多个标号组成的完整域名总共不超过 255 个字符。

域名可分为不同级别，包括顶级域名、二级域名等。顶级域名又分为两类：

国家顶级域名(national top-level domain names，简称 nTLDs)，目前 200 多个国家都按照 ISO3166 国家代码分配了顶级域名，例如中国是 cn，美国是 us，日本是 jp 等。

国际通用顶级域名(international top-level domain names，简称 iTDs)，例如表示工商企业的.com，表示网络提供商的.net，表示非营利组织的.org 等。目前大多数域名争议都发生在 com 顶级域名下，因为多数公司上网的目的都是为了赢利。为加强域名管理，解决域名资源的紧张问题，Internet 协会、Internet 分址机构及世界知识产权组织(WIPO)等国际组织经过广泛协商，在原来 7 个国际通用顶级域名的基础上，新增加了 7 个国际通用顶级域名：

firm(公司企业)、store(销售公司或企业)、Web(突出 WWW 活动的单位)、arts(突出文化、娱乐活动的单位)、rec(突出消遣、娱乐活动的单位)、info(提供信息服务的单位)、nom(个人)，并在世界范围内选择新的注册机构来受理域名注册申请。

　　二级域名是指顶级域名之下的域名，在国际通用顶级域名下，它是指域名注册人的网上名称，例如 ibm, yahoo, microsoft 等；在国家顶级域名下，它是表示注册企业类别的符号，例如 com, edu, gov, net 等。在顶级域名之下，中国的二级域名又分为类别域名和行政区域名两类。类别域名共 6 个，包括用于科研机构的 ac，用于工商金融企业的 com，用于教育机构的 edu，用于政府部门的 gov，用于互联网络信息中心和运行中心的 net，用于非营利组织的 org。而行政区域名有 34 个，分别对应于中国各省、自治区和直辖市。

　　三级域名用字母(A～Z, a～z)、数字(0～9)和连接符(-)组成，各级域名之间用实点"."连接。三级域名的长度不能超过 20 个字符。如无特殊原因，建议采用申请人的英文名(或者缩写)或者汉语拼音名(或者缩写)作为三级域名，以保持域名的清晰性和简洁性。

　　域名的结构如图 4-1 所示。

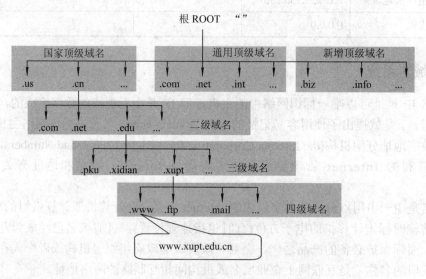

图 4-1　域名分层结构

　　由于在 TCP/IP 体系结构中，IP 协议只根据 IP 地址进行数据传输，所以有必要将输入的域名转换为 IP 地址。将 IP 地址和域名之间对应被称为域名解析，其任务是将域名重新转换为 IP 地址。一个域名可以对应多个 IP 地址，多个域名也可以同时被解析到一个 IP 地址。域名解析需要由专门的域名解析服务器来完成。比如，通过网络访问一个 HTTP 服务时，输入该服务的域名需要被解析，首先在域名注册商那里通过专门的 DNS 服务器解析到一个 Web 服务器的一个固定 IP 上，然后，通过 Web 服务器来接收这个域名，把这个域名映射到这台服务器上，那么，输入这个域名就可以实现访问网站内容了，即实现了域名解析的全过程。域名解析需要由专门的域名解析服务器来完成，整个过程是自动进行的。

　　在进行域名解析时，首先访问本地存储的域名信息，如果未找到对应的解析，则访问远程的域名服务器。在 Windows 操作系统中，本地的域名解析内容被保存在"hosts"文本文件中,它的存储路径为"Windows 安装路径/System32/drivers/etc/",采用文本编辑器可以直接读取和修改。其域名与 IP 的存储格式如下:

　　IP 地址　　　　　　域名
　　202.117.128.7　　　www.xupt.edu.cn
　　202.117.128.8　　　xupt

采用本地域名解析的好处在于:可以采用自定义的名称来访问某个主机,例如将 www.xupt.edu.cn 缩写为 xupt;也可以标识某些无公开域名的主机,例如自开发的网站。该文件也会被某些恶意的软件所利用,比如修改了域名所指向的 IP 地址。所以,hosts 文件经常被安全软件所监控。

4.2　InetAddress 类

InetAddress 类在网络 API 套接字编程中是一个重要的基础类,用于描述通信双方的地址和主机名称等信息。由它构造的对象作为参数传递给流套接字类和自寻址套接字类构造器或非构造器的方法,实现通信双方的相互定位。

InetAddress 类由 Object 类派生,包含在 Java.net 类库包中,用于网络地址的解析和编码,可以实现将主机名与 Internet 的 IP 地址的映射。为了能够描述 IPv4 的 32 位和 IPv6 的 128 位的地址,InetAddress 类主要依靠两个子类 Inet4Address 和 Inet6Address。在默认情况下使用 InetAddress 类构造 IPv4 的地址信息,这个 IP 地址可以是单播(uniCast)或者组播(multiCast)地址。InetAddress 类的定义如图 4-2 所示。

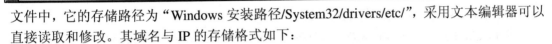

图 4-2　InetAddress 类的定义

InetAddress 类有一个构造函数,但是不能通过该构造方法传递参数,即不能直接使用 InetAddress 类创建对象,通常称该类无构造方法。例如:

- InetAddress ia = new InetAddress ();　　　//错误,因为 InetAddress 无构造方法
- InetAddress ia = InetAddress.getByName (host);　　　//正确

InetAddress 类只能通过其成员方法来生成对象，主要方法包括：
- InetAddress getLocalHost()，得到描述本地主机 localhost 的 InetAddress 对象；
- InetAddress getByName()，通过指定计算机名或者域名得到 InetAddress 对象；
- InetAddress getAllByName()，可以从 DNS 上得到该域名对应的所有的 IP 地址，这个方法将返回一个 InetAddress 类型的数组；
- InetAddress getByAddress()，通过 IP 地址来创建 InetAddress 对象，所提供的 IP 地址必须是 byte 数组形式，它只是构造一个 InetAddress 对象，并不验证是否正确；
- String getHostName()，获得主机名；
- byte [] getAddress()，获得主机的字节数组形式的 IP 地址。

使用以上方法可能会抛出 UnknowHostException(未知主机异常)，所以在获得 InetAddress 对象时，需要使用 try-catch-finally 捕获异常。下面对各方法分别举例。

【例 4-1】 通过 getLocalHost()方法获得本地信息，输出主机名称及主机 IP 地址。

```
1.    import java.net.*;
2.    import java.util.*;
3.    class exp_4_1{
4.        public static void main (String [] args) {
5.            try{
6.                InetAddress inet = InetAddress.getLocalHost();
7.                System.out.println(inet);
8.                System.out.println(inet.getHostName());      //获得主机名称
9.                byte [] ip = inet.getAddress();               //获得主机 IP 地址
10.               for(int i=0;i<ip.length;i++){
11.                   int ips = (ip[i] >=0) ? ip[i] : (ip[i] + 256);   //将 byte 数值转换为 int 数值
12.                   System.out.print(ips + ".");
13.               }
14.           }catch(Exception e){
15.               System.err.println("获得本地信息失败" + e.toString());
16.           }
17.       }
18.   }
```

代码注释如下：
① 第 1 行由于是用于网络编程，所以要引用 java.net 类库；
② 第 6 行获得本地主机 InetAddress 对象；
③ 第 7 行获得该 InetAddress 对象的名称；
④ 第 9～13 行获得该 InetAddress 对象的 IP 地址，由于 IP 地址要使用 byte 类型，而在 Java 中默认为 int 类型，所以需要进行适当的类型转换。

程序运行结果如图 4-3 所示。

```
A550P62/192.168.1.100
A550P62
192.168.1.100
```

图 4-3　exp_4_1 运行结果

在此要注意字节数据类型的符号问题。在 Java 中 byte 类型是有符号的，且 Java 未提供无符号的 byte 类型，因此 byte 类型的表示范围为 –128~127。而这样对于一些 I/O 处理程序来说需要对考虑符号位问题，通常的做法是：

int unsignedByte = signedByte >=0 ? signedByte : signedByte + 256;

可见，由于 byte 符号位的关系，不得不采用长度更长的 int 类型来处理符号位带来的问题。由于 byte 类型要考虑符号位使其范围变小了，所以只有通过 int 类型来处理。在这个类型的转换过程中，任意长度的 int 类型会截断其高位的字节来适应 byte 类型，因为 int 类型要比 byte 类型宽，所以一个 int 类型的数据 127 转换成了 byte 类型还是 127。

【例 4-2】　获得本地所有网卡信息。一台计算机至少有一个 IPv4 地址，即本地环回测试地址 127.0.0.1，用于软件测试；正常接入网络的计算机设置了外接网卡地址，如果该计算机上安装了多网卡，就可能包含多个外部和内部 IP 地址。

```
1.   import java.net.*;
2.   import java.util.*;
3.   class exp_4_2{
4.      public static void main (String [] args) {
5.         Enumeration<NetworkInterface> netInterfaces = null;
6.         try {
7.            netInterfaces = NetworkInterface.getNetworkInterfaces();
8.            while (netInterfaces.hasMoreElements()) {
9.               NetworkInterface ni = netInterfaces.nextElement();
10.              System.out.println("网卡：" + ni.getDisplayName());
11.              System.out.println("名称：" + ni.getName());
12.              Enumeration<InetAddress> ips = ni.getInetAddresses();
13.              while (ips.hasMoreElements()) {
14.                 System.out.println("IP：" + ips.nextElement().getHostAddress());
15.              }
16.           }
17.        }catch(Exception e){
18.           System.err.println("获得本地信息失败" + e.toString());
19.        }
20.     }
21.  }
```

代码注释如下:
① 第5行构造网络接口类的枚举对象;
② 第7行获得网络接口对象;
③ 第8～16行依次输出枚举中所有的网络接口设备信息。
程序运行结果如图4-4所示。

```
DisplayName:MS TCP Loopback interface
Name:lo
IP:127.0.0.1
DisplayName:Realtek RTL8139 Family PCI Fast Ethernet NIC -
Name:eth0
IP:115.155.24.126
Press any key to continue...
```

图4-4 exp_4_2运行结果

【例4-3】 使用getByName()获得指定计算机名称信息。

1. import java.io.*;
2. import java.net.*;
3. import java.util.*;
4. class exp_4_3{
5.   public static void main (String [] args) {
6.   String host = "localhost";
7.   try{
8.   BufferedReader br =
9. new BufferedReader(new InputStreamReader(System.in));
10.   System.out.print("输入网络地址：");
11.   host = br.readLine();
12.   }catch(Exception e){
13.   System.err.println("输入信息失败" + e.toString());
14.   }
15.   try{
16.   InetAddress inet = InetAddress.getByName (host);
17.   System.out.println ("主机地址 = " + inet.getHostAddress ());
18.   System.out.println ("主机名称 = " + inet.getHostName ());
19.   System.out.println ("是否环回地址 = " + inet.isLoopbackAddress ());
20.   }catch(Exception e){
21.   System.err.println("获得信息失败" + e.toString());
22.   }
23.   }
24. }

代码注释如下：

① 第 7～13 行输入一个主机名称，可以是域名、计算机名或者 IP 地址；

② 第 14～21 行输出该主机的名称和 IP 信息。

运行程序：

(1) 输入的网络地址为 localhost，显示本地软件环回测试地址信息，结果如图 4-5 所示。

```
输入网络地址：localhost
Canonical Host Name = 127.0.0.1
Host Address = 127.0.0.1
Host Name = localhost
Is Loopback Address = true
Press any key to continue...
```

图 4-5　exp_4_3 运行结果

(2) 输入一个 IP 地址，显示该 IP 地址信息，结果如图 4-6 所示。

```
输入网络地址：202.117.128.7
Canonical Host Name = e250.xiyou.edu.cn
Host Address = 202.117.128.7
Host Name = e250.xiyou.edu.cn
Is Loopback Address = false
Press any key to continue...
```

图 4-6　exp_4_3 运行结果

(3) 输入一个计算机名称，显示该计算机的信息，结果如图 4-7 所示。

```
输入网络地址：A550P62
Canonical Host Name = 192.168.1.100
Host Address = 192.168.1.100
Host Name = A550P62
Is Loopback Address = false
Press any key to continue...
```

图 4-7　exp_4_3 运行结果

(4) 输入一个 Web 站点域名，显示该站点信息，结果如图 4-8 所示。

```
输入网络地址：www.xidian.edu.cn
Canonical Host Name = 202.117.112.10
Host Address = 202.117.112.10
Host Name = www.xidian.edu.cn
Is Loopback Address = false
Press any key to continue...
```

图 4-8　exp_4_3 运行结果

【例 4-4】　当一台计算机连接了多个网络并设置了多个 IP 地址时，可以通过 getAllByName()获得指定计算机相关的信息。例如中国教育网 www.edu.cn 同时绑定了多个 IP 地址，实现多个网络的连接。

```java
1.    import java.io.*;
2.    import java.net.*;
3.    import java.util.*;
4.    class exp_4_4{
5.        public static void main (String [] args) {
6.            String host = "localhost";
7.            try{
8.                BufferedReader br = new BufferedReader(new InputStreamReader(System.in));
9.                System.out.print("输入网络地址：");
10.               host = br.readLine();
11.           }catch(Exception e){
12.               System.err.println("输入信息失败" + e.toString());
13.           }
14.           try{
15.               InetAddress [] addresses = InetAddress.getAllByName(host);
16.               for(InetAddress address : addresses)     //新的 for 循环参数写法
17.                   System.out.println(address);
18.           }catch(Exception e){
19.               System.err.println("获得信息失败" + e.toString());
20.           }
21.       }
22.   }
```

代码注释如下：

① 第 14 行，由于同一主机上设定了多个 IP 信息，所以需要用 getAllByName()方法获得这些信息，存入 InetAddress 数组对象中；

② 第 15～16 行循环输出这些 IP 信息。

程序运行结果如图 4-9 所示。

```
输入网络地址：www.edu.cn
www.edu.cn/202.205.109.205
www.edu.cn/202.205.109.208
www.edu.cn/202.112.0.36
www.edu.cn/202.205.109.203
```

图 4-9 exp_4_4 运行结果

在 Java 语言中，for 循环的参数写法除传统的三段式，如：

for(int i=0; i<10; i++)

在 Java 1.5 中还提供了增强的 for 循环的新特性。所谓"增强的 for 循环"，主要是针对容器的。使用该项特性时，开发者可以将"利用 iterator 遍历容器"的逻辑交给编译器来处理，如：

```
for (Object o : c)
```
编译器判断对象 c 是一个 Collection 子对象(即是容器，例如数组)之后，就会允许使用增强的 for 循环形式，并自动取到 c 的迭代器，自动遍历 c 中的每个元素。

除了使用计算机名称构造 InetAddress 对象外，也可以通过 IP 地址字节数组构造 InetAddress 对象。IPv4 版本的 IP 地址通常分为 4 段，每段取值在 0~255 之间。在构造成字节数组时，为数组赋予整型数值时，默认情况下是 int 类型，这时需要进行一次强制类型转换，将默认的 int 类型数值转化为 byte 类型数值。例如：

  byte a = (byte)202; //正确

  byte b = (byte)300; //错误，300 超过了 byte 类型 0~255 的取值范围，会产生截取

【例 4-5】 通过 IP 地址字节数组构造 InetAddress 对象。

```
1.    import java.net.*;
2.    import java.util.*;
3.    class exp_4_5{
4.        public static void main (String [] args) throws UnknownHostException{
5.            byte [] ip = new byte[] { (byte) 202, (byte) 117, (byte)128 , 7};
6.            InetAddress address1 = InetAddress.getByAddress(ip);
7.            InetAddress address2 = InetAddress.getByAddress("www.xupt.edu.cn", ip);
8.            System.out.println(address1);
9.            System.out.println(address2);
10.       }
11.   }
```

代码注释如下：

① 第 5 行给出用于构造 IP 的 byte 数组；

② 第 6 行根据 IP 地址构造 InetAddress 对象；

③ 第 7 行实现 IP 地址和域名绑定，并构造 InetAddress 对象。

程序运行结果如图 4-10 所示。

```
/202.117.128.7
www.xupt.edu.cn/202.117.128.7
```

图 4-10 exp_4_5 运行结果

4.3 统一资源定位符

4.3.1 URL 类

在 Internet 的历史上，统一资源定位符(Uniform Resource Locator，URL)的发明是一个非常重要的步骤，URL 是 Internet 中对网络资源进行统一定位和管理的标识。URL 最初是由蒂姆·伯纳斯-李发明，是对可以从 Internet 上得到的资源的位置和访问方法的一种简洁

的表示。URL 使用 ASCII 代码的一部分来表示 Internet 的地址,现在它已经被万维网联盟编制为 Internet 标准。使用 URL 来唯一标识 Web 文档,URL 也被称为 Internet 地址或网址。

　　IP 地址唯一标识了 Internet 上的计算机,而 URL 则标识了这些计算机上的资源。当通过 InetAddress 获得对方主机的地址信息后,可继续通过 URL 获得该主机上的资源。

　　URL 描述了 WWW 客户程序在 Internet 上访问资源时所使用的访问方法、信息资源所在的服务器名字及在该服务器上存放资源的路径名和文件名,因此可以将 URL 理解为文件名在 Internet 上的扩展。一般 URL 的起始部分标志着一个计算机网络所使用的网络协议。

　　完整的 URL 包括:应用协议名称、用户名、密码、资源位置、端口号、服务器中文件路径以及访问的文件名。以下为绝对 URL 的组成形式:

　　　　<访问方法>://<用户名>:<密码>@<主机>:<端口>/<路径>[?参数]

　　例如:http://www.xupt.edu.cn:80/index.jsp

　　　　　http://www.baidu.com/query.jsp?keyword=hotdog

　　　　　ftp://ftp.xupt.edu.cn:21/starcraft/starcraft.exe

　　Java 为了能实现对资源的描述,提供了 URL 类,该类位于 java.net 类库中。java.net.URL 提供了丰富的 URL 构建方式,并可以通过 java.net.URL 来获取资源。URL 类的定义如图 4-11 所示。

图 4-11　URL 类的定义

在 Java 中的 URL 用于构造一个 Web 地址,其常用构造方法有:

● URL(String strURL),strURL 即为 Web 资源字符串;

● URL(String protocol, String host, int port, String file),protocol 为协议字符串,host 为主机的域名或者 IP 地址,port 为 Web 应用的端口号,file 为要访问的资源文件名称。

其常用方法:

● getProtocol(),获得 URL 的传输协议;

● getHost(),获得 URL 中的主机名称;

● getPort(),获得 URL 中端口号;

● getFile(),获得资源的文件名。

【例 4-6】 分析输入的 URL 地址,按照各部分拆分开,分别输出。

　　1.　import java.io.*;

第 4 章 InetAddress 类和 URL 类

2. import java.net.URL;
3. import java.net.MalformedURLException;
4. class exp_4_6 {
5.   public static void main(String args[]){
6.   try{
7.   BufferedReader br = new BufferedReader(new InputStreamReader(System.in));
8.   System.out.print("输入 URL：");
9.   String str = br.readLine();
10.   URL getURL = new URL(str);
11.   System.out.println ("访问协议:" + getURL.getProtocol());
12.   System.out.println ("主机名称:" + getURL.getHost());
13.   System.out.println ("主机端口号:" + getURL.getPort());
14.   System.out.println ("URL 文件名:" + getURL.getFile());
15.   }catch(MalformedURLException e1){
16.   System.err.println("URL 解析错误" + e1);
17.   }catch(Exception e){
18.   System.err.println(e.toString());
19.   }
20.   }
21. }

运行结果如图 4-12 所示。

```
输入URL：http://www.xupt.edu.cn:8080/index.jsp
访问协议:http
主机名称:www.xupt.edu.cn
主机端口号:8080
URL文件名:/index.jsp
Press any key to continue...
```

图 4-12 exp_4_6 运行结果

【例 4-7】 下载 Web 文本信息。提示：网络上的网页资源主要指以 HTML 格式为主的 ASCII 文件，Java 在读取网络文件内容时，创建 URL 类对象用于资源定位，按照标准文件的输入流方式接收从网络传输来的数据。

1. import java.io.*;
2. import java.net.*;
3. public class exp_4_7{
4.   public static void main(String [] args) throws Exception{
5.   String url = "填入任意网页 URL"; //自行输入 URL;
6.   InputStream in = (new URL(url)).openStream(); //获得指定 URL 的字节输入流
7.   int c = -1;

8.   while((c = in.read()) != -1){   //按字节的方式输入数据和输出数据
9.   System.out.write(c);
10.   }
11.   }
12. }

代码注释如下：

① 第 5 行自行输入一个 URL；

② 第 6 行从指定的 URL 上获得输入流；

③ 第 7～10 行从输入流中读取信息，并显示。

当输入的 URL 为 "http://www.baidu.com" 时，运行结果如图 4-13 所示。由于页面上字符过多，所以只列出了部分运行结果用于说明。在该 URL 中使用了默认的 80 端口和 Web 站点默认的页面。

图 4-13   exp_4_7 运行结果

图像文件采用二进制的形式存储，在从网络上下载图像文件时，需要创建文件输出流的实例对象，从而实现图像文件读/写操作。

【例 4-8】下载图像文件。

1. import java.io.*;
2. import java.net.*;
3. public class exp_4_8{
4.   public static void main(String [] args){
5.   try{
6.   InputStream imageSource = new URL(网络图片的 URL).openStream();
7.   FileOutputStream myFile = new FileOutputStream("c://myLogo.gif");
8.   BufferedOutputStream myBuffer = new BufferedOutputStream(myFile);
9.   DataOutputStream myData = new DataOutputStream(myBuffer);
10.   int ch;
11.   while((ch = imageSource.read()) > -1){   //由网络输入数据
12.   myData.write(ch);   //将数据输出到文件中
13.   }
14.   myBuffer.flush();   //将文件缓存中数据写入文件

```
15.            imageSource.close();
16.            myFile.close();
17.            myBuffer.close();
18.            myData.close();
19.        }catch(Exception e){
20.            System.err.print(e.toString());
21.        }
22.    }
23. }
```

代码注释如下：

① 第 6 行创建一个网络图片的 URL 对象；

② 第 7~9 行创建本地保存图像的文件对象，以及输出流；

③ 第 10-14 行完成从网络接收数据。

如果下载百度网站首页上的 LOGO 图片且将该图片保存为"c://myLogo.gif"，则 URL 地址为"http://www.baidu.com/img/baidu_sylogo1.gif"，运行结果查看本地 C 盘根目录。

4.3.2 字符编码

在进行网络下载资源时，经常会遇到字符编码问题。如果没有使用正确的编码形式，文字将会产生乱码，无法阅读。

在计算机领域中使用的字符为英文，包括常规的大小写字母英文字符、数字 0~9 以及一些常用的符号，共 127 个，为一个字节的 ASCII 码。而中文字符有 2 类，一种是中华人民共和国国家汉字信息交换用编码，全称《信息交换用汉字编码字符集——基本集》，简称 GB 2312，为中华人民共和国国家标准总局发布的简化汉字编码，1981 年 5 月 1 日实施，通行于中国大陆和新加坡，被称为国标码；另一种是 BIG—5 码是通行于台湾、香港地区的一个繁体字编码方案，俗称"大五码"。

UNICODE 是微软提出的解决多国字符的多字节长编码，对英文字符采用前面加"0"字节的策略，实现英文字符的兼容。虽然，Java 采用 UNICODE 双字节编码，但是在使用中文的时候依然比较复杂，因为 UNICODE 和一般字符编码存在一些差异。

在 Java 编程实现时，由于 Java 采用默认 UNICODE 编码，而中国大陆使用的数据库和文件通常为 GB 2312 编码，所以经程序处理的中文可能变为无法识别的乱码。标准的 Java 编译器 JavaC 使用的字符集是 JVM 系统默认的字符集，这个默认的字符集在简体中文 Windows 下它是汉字内码扩展规范(GBK)编码，GBK 编码标准兼容 GB 2312，共收录汉字 21003 个和符号 883 个，并提供 1894 个造字码位，简、繁体字融于一库；在 LINUX 下是 ISO—8859—1，在 LINUX 下的中文字符会出现问题，需要在编译的时候添加 encoding 参数解决。为了解决这个跨操作系统引起的非拉丁字符乱码的问题，可在编译源程序时采用以下命令，如：

Javac -encoding GBK myJava.java

【例 4-9】 通过调用 System 类中 getProperties()方法来得到当前操作系统的信息，并通过标准输出显示所有的系统属性。

1. import java.io.*;
2. import java.util.*;
3. class exp_4_9{
4.   public static void main(String [] args){
5.   System.getProperties().list(System.out);
6.   }
7. }

运行结果如图 4-14 所示。限于篇幅，只列出了部分结果。

```
-- listing properties --
java.runtime.name=Java(TM) 2 Runtime Environment, Stand..
sun.boot.library.path=C:\Program Files\Java\jdk1.5.0_02\j
java.vm.version=1.5.0_02-b09
java.vm.vendor=Sun Microsystems Inc.
java.vendor.url=http://java.sun.com/
path.separator=;
java.vm.name=Java HotSpot(TM) Client VM
file.encoding.pkg=sun.io
user.country=CN
sun.os.patch.level=Service Pack 3
java.vm.specification.name=Java Virtual Machine Specifica
user.dir=D:\ScanPort
java.runtime.version=1.5.0_02-b09
java.awt.graphicsenv=sun.awt.Win32GraphicsEnvironment
java.endorsed.dirs=C:\Program Files\Java\jdk1.5.0_02\jre.
os.arch=x86
java.io.tmpdir=C:\DOCUME~1\ADMINI~1\LOCALS~1\Temp\
line.separator=

java.vm.specification.vendor=Sun Microsystems Inc.
user.variant=
os.name=Windows XP
sun.jnu.encoding=GBK
```

图 4-14　exp_4_9 运行结果

【例 4-10】 通过参数获得指定的系统信息。

1. import java.io.*;
2. import java.util.*;
3. class exp_4_10{
4.   public static void main(String [] args){
5.   System.out.println("操作系统："+System.getProperty("os.name"));
6.   System.out.println("默认字符："+System.getProperty("file.encoding"));
7.   }
8. }

该例中提取了操作系统名称和默认字符编码两个属性，运行结果如图 4-15 所示。

图 4-15　exp_4_10 运行结果

在 Windows 下使用 Java 应用程序访问 Web 时出现汉字乱码的原因在于：通常，Web 服务是采用 Linux 或者 Unix 搭建的，网页上的字符编码集为 ISO—8859—1，专业的网页浏览器可以侦查出并且自动转化。所以，在采用 Java 编写访问网页的应用程序时，需要考虑这个项目。在 Java 语言的 String 类中提供了字符编码转换的方法，例如 Windows 简体中文地区，中国国家编码标准为 GBK，可以通过以下语句进行转换：

String Value;

Value = Value.trim(); //首先去掉字符串两端可能出现的空格

Value = new String(Value.getBytes("ISO8859_1"), "GBK");

或者，将字符串由 JVM 默认的编码转化为指定的编码：

String Value;

Value = Value.trim();

Value = new String(Value.getBytes(System.getProperty("file.encoding")), "BIG5");

【例 4-11】 从输入的 URL 下载信息，并解决其中的中文乱码问题。

```
1.    import java.io.*;
2.    import java.net.URL;
3.    import java.net.MalformedURLException;
4.    class exp_4_11{
5.        public static void main(String args[]){
6.            try{
7.                BufferedReader br =
                    new BufferedReader(new InputStreamReader(System.in));
8.                System.out.print("输入 URL：");
9.                String str = br.readLine();
10.               URL getURL = new URL(str);
11.               InputStream in = getURL.openStream();
12.               DataInputStream buffer = new DataInputStream(in);
13.               String lineOfData, value;
14.               int i=0;
15.               while((lineOfData = buffer.readLine()) != null){
16.                   value = new String(lineOfData.getBytes("ISO8859_1"),"GBK");
17.                   System.out.println( (++i)+":"+lineOfData);
18.                   System.out.println( (++i)+":"+value);
19.               }
20.           }catch(MalformedURLException e1){
```

```
21.              System.err.println("URL 解析错误" + e1);
22.          }catch(IOException e2){
23.              System.err.println("IO 错误" + e2);
24.          }
25.      }
26. }
```

代码注释如下：

① 第 7～10 行输入 URL，并获得 URL 对象；

② 第 11～12 行在该 URL 对象上获得输入流；

③ 第 14～19 行，使用变量 i 作为行计数器，16 行进行字符转码，17 行输出未转码的字符，18 行输出转码的字符。

当输入的 URL 为 "http://www.baidu.com" 时，运行结果如图 4-16 所示。从所得到运行结果中，可以看出该页面中的<title>标签中的页面标题部分，在未修改编码集合时显示为 "？"，由 "ISO8859_1" 转化为 "GBK" 后显示为正确内容。

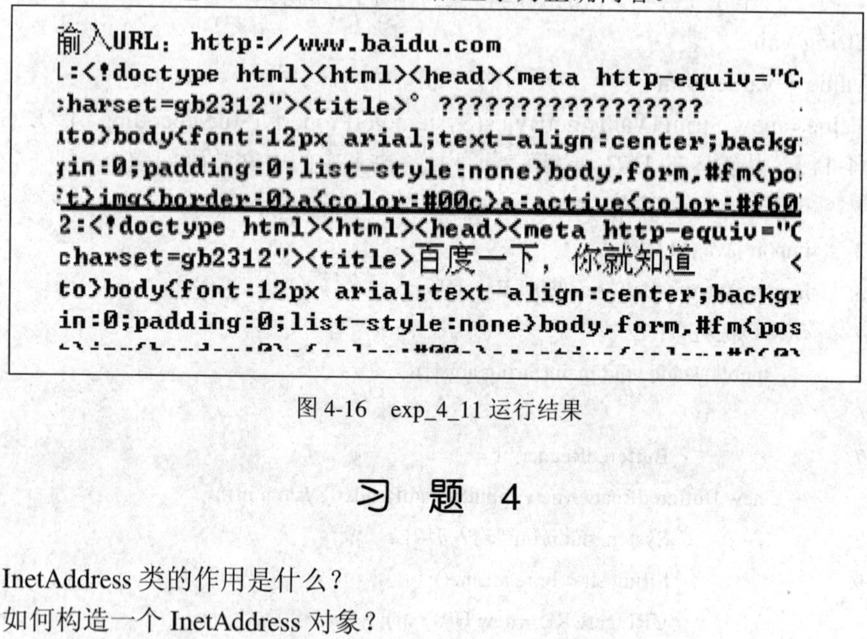

图 4-16 exp_4_11 运行结果

习 题 4

1. InetAddress 类的作用是什么？
2. 如何构造一个 InetAddress 对象？
3. 举例说明 InetAddress 中方法 getByName()和 getAllByName()的作用。
4. 给出 URL 的标准格式，并说明各字段。
5. URL 类的作用是什么？
6. 在使用 URL 访问网络资源时，为什么下载到本地的文件会出现字符乱码？
7. 如何获得本地系统的字符编码信息？
8. 如何在 Java 程序中进行字符编码的转换？
9. 利用 InetAddress 可以获得 IP 和计算机名的对应关系的特性，编写程序实现：在本地的 hosts 文件中添加访问过的计算机名和 IP 的对应信息。
10. 编写程序实现从指定的 URL 网页上分析所有图片链接信息，并下载到本地。

第 5 章 TCP Socket

传输控制协议(Transfer Control Protocol，TCP)是 TCP/IP 协议中的重要协议之一，其保证了通信双方可靠的通信。本章将介绍 Java 基于 TCP 协议的编程，内容包括端口和套接字的概念、TCP Socket 中的 Socket 和 ServerSocket 以及多线程编程等基础内容。

5.1 套 接 字

5.1.1 端口的概念

在 TCP/IP 体系结构中，传输层为应用层提供传输服务，可选择 TCP 和 UDP 两个传输协议充当数据的承载协议。应用层通过传输层进行数据通信时，TCP 和 UDP 会遇到同时为多个应用程序进程提供并发服务的问题。在 TCP/IP 协议中为应用层和传输层之间提出了端口(port)的概念，用于标识网络主机上的唯一通信进程。

端口指网络体系结构中应用层与传输层之间的通信协议接口，也称为传输层服务访问接口。端口是一种抽象的软件结构，包括一些数据结构和 I/O 缓冲区。应用进程通过系统调用与某端口建立关联(binding)后，传输层传给该端口的数据都被相应的应用进程所接收。TCP 与 UDP 的端口如图 5-1 所示。

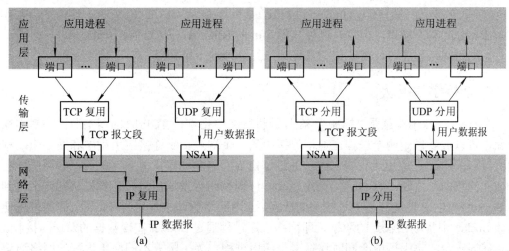

图 5-1 TCP 与 UDP 的端口
(a) 数据发送；(b) 数据接收

端口号使用 16 位表示，取值范围为 0～65 535，含义是一台使用 TCP/IP 体系结构的计算机上最多在应用层上区别 65 336 个 TCP 网络进程和 65 336 个 UDP 网络进程，实际上不可能达到这样多的进程数量。所有的端口仅具有本地意义，即端口仅能设置本地的网络通信进程，而不能设置通信对方的应用进程端口号。表 5-1 列出了部分基于 TCP 的常用应用进程的端口号。

表 5-1　部分常用 TCP 应用进程的端口号

应用协议	默认端口	说　　明
ECHO	7	验证 2 台计算机连接有效性
DAYTIME	13	服务器当前时间文本描述
FTP	20/21	21 用于命令，20 为用户数据
TELNET	23	远程登录
SMTP	25	邮件发送
WHOIS	43	网络管理的目录服务
FINGER	79	主机用户信息
HTTP	80	超文本传输协议
POP3	110	邮局协议
NNTP	119	网络新闻传输协议，发布 Usenet 新闻

习惯上，端口号可分为三大类：

(1) 公认端口(Well Known Ports)：从 0～1023，它们紧密绑定于一些服务。通常这些端口的通信明确表明了某种服务的协议。例如：80 端口默认绑定 HTTP 通信。

(2) 注册端口(Registered Ports)：从 1024～49 151，它们松散地绑定于一些服务。也就是说有许多服务绑定于这些端口，这些端口同样用于许多其他目的。例如：许多系统处理动态端口从 1024 左右开始。

(3) 动态或私有端口(Dynamicand or Private Ports)：从 49 152～65 535。理论上，从 1024 起为服务分配动态端口，但也有例外，如 Sun 的 RPC 端口从 32 768 开始。

在编写网络程序时，需要根据具体的选择合理地应用端口。

5.1.2　套接字的概念

套接字(Socket)原意是"插座"，在计算机网络中指支持 TCP/IP 的网络通信的基本操作单元，可以被看做是两个进程在通信连接中的一个端点，是连接应用程序和网络驱动程序的桥梁。Socket 在应用进程中创建，通过绑定与网络驱动建立关系。此后，应用进程送给 Socket 的数据，由 Socket 传递给网络驱动程序向网络上发送出去。计算机从网络上收到与该 Socket 绑定 IP 地址和端口号相关的数据后，由网络驱动进程交给 Socket，应用进程便可从该 Socket 中提取接收到的数据，即网络应用进程通过 Socket 实现数据的发送与接收。

在同一台主机上可能会同时运行多个应用进程，为了区分不同应用进程的网络通信和连接，Socket 通过三个参数唯一地标识本地主机上的通信进程，实现与网络进程的绑定关系，这三个参数分别是：通信的目的 IP 地址、使用的传输层协议(TCP 或 UDP)以及使用的端口号。此时，应用层和传输层就可以通过 Socket，区分来自不同应用程序进程或网络连接的通信，实现数据传输的并发服务。

以最常见的 WWW 访问为例，例如：在浏览器地址中输入了网页 URL 地址：

http://www.xupt.edu.cn/index.html

该 URL 就包含了套接字的三个参数，由于采用超文本传输协议(Hyper Text Transfer Protocol，HTTP)说明使用的是 TCP 协议；根据目标网页的域名"www.xupt.edu.cn"，可以通过域名服务器查找到该 WWW 服务器的 IP 地址为 202.117.128.8；通常在访问 URL 时，如端口无特殊指定时，默认使用 80；index.html 说明访问的文件资源。所以，访问该网页时的套接字为{TCP，202.117.128.8，80}。

5.1.3 Netstat 的应用

由于在 TCP/IP 体系结构中通过端口唯一标识主机上的应用通信进程，因而可以通过查看本地端口信息掌握本地主机的网络进程运行情况；即：用户可以知道本地计算机开放了哪些通信端口，都是什么软件进程开的；可以掌握开放的端口处于什么状态，是等待连接还是已经连接，如果是已经连接，需要特别注意看连接是个正常连接还是非正常连接，例如木马等；可以知道目前本机是不是正在和其他计算机交换数据，是正常的程序访问到一个正常网站还是访问到一个陷阱，更重要的是因为端口只能唯一地标识通信进程，通过查看本地的端口使用情况，可以避免产生端口使用冲突的问题。

在 Windows 操作系统中，提供了工具软件 Netstat.exe。它可以用于显示与 IP，TCP，UDP 和 ICMP 等协议相关的统计数据，通常被用于检验本机各端口的网络连接情况。在这里列举 Netstat 常用的参数 -a 和 -n，如：

● Netstat -a 本选项显示一个有效连接信息列表，包括已建立的 TCP 连接(ESTABLISHED)，也包括 TCP 监听连接请求(LISTENING)的连接。

● Netstat -n 显示所有已建立的有效连接，包括所有 TCP 和 UDP 的应用进程。

通常，将 -a 和 -n 联合执行，即 Netstat-an，即可列出本地计算机所有的占用端口情况。所有的端口必然处于下列状态之一：

● LISTENING 状态，表示某个端口是个开放的 TCP 端口，正处于监听状态，等待远程用户的连接。意味着这是一个使用 TCP 的协议服务器端程序，用于监听客户机端的连接。例如：

　　　TCP　0.0.0.0:21　　0.0.0.0:0　　LISTENING

从上例可以看出，本地开启端口 21，通常为 FTP 服务进程。因为 IP 地址显示均为 0.0.0.0，表示该端口还处于监听状态，未建立连接。

● ESTABLISHED 状态，表示已建立通信连接，两台机器正在交换数据，例如：

　　　TCP　192.168.1.10:21　　192.168.1.1:3009　　ESTABLISHED

说明主机 192.168.1.10 上开启了 FTP 服务，与主机 192.168.1.1 上端口为 3009 的进程建立了连接。当主机 61.150.18.253 使用浏览器访问某网站时，发现会有许多源 IP 地址和目的 IP 地址相同，并与处于 ESTABLISHED 状态的套接字连接。这由网页的构成形式决定，网页本身是纯文本格式，它通过嵌入的方法链接引入各种格式的数据，所以如果要查看完整的网页，就需要将嵌入的所有数据都下载，所以图片、flash 动画等都要单独建立连接，如图 5-2 所示。

```
TCP    61.150.18.253:1475    202.109.72.70:80      ESTABLISHED
TCP    61.150.18.253:1476    202.109.72.70:80      CLOSE_WAIT
TCP    61.150.18.253:1477    61.151.255.101:80     ESTABLISHED
TCP    61.150.18.253:1478    61.151.255.101:80     ESTABLISHED
TCP    61.150.18.253:1479    61.151.255.101:80     ESTABLISHED
TCP    61.150.18.253:1480    61.151.255.101:80     ESTABLISHED
TCP    61.150.18.253:1481    61.151.255.101:80     ESTABLISHED
TCP    61.150.18.253:1482    61.151.255.101:80     ESTABLISHED
TCP    61.150.18.253:1483    61.151.255.101:80     ESTABLISHED
```

图 5-2　当访问某网页时建立的连接

● CLOSE_WAIT 状态，结束了这次连接。在图 5-2 中出现了该状态，说明本地标识为 1476 的进程访问过 202.109.72.70 的 80 端口下载某个资源，并且已经结束了。

● SYN_SENT 状态，当要访问其他的计算机的服务时首先要发连接请求信号给该端口，此时状态为 SYN_SENT，如果连接成功了就变为 ESTABLISHED，此时 SYN_SENT 状态非常短暂。

● TIME_WAIT 状态，现在从某主机结束访问另一主机的 FTP 服务。

如果需要了解 Netstat.exe 的更多参数设定，可以通过帮助命令 Netstat-help 来获得。

5.2　TCP Socket

由于 TCP 是面向连接的传输控制协议，因而在 Java 的 java.net 包中，为实现 TCP Socket 提供了两个基础类，分别是 Socket 类和 ServerSocket 类。

● Socket 类：用于建立一个客户机端通信对象，并向服务器端发起连接请求，在 TCP 连接成功后，通信双方利用自有的 Socket 对象实现会话；

● ServerSocket 类：建立一个服务器端对象，专门用于监听客户机端的连接请求，其通过 accept()方法实现与客户端的连接，完成 TCP 连接的三次握手。

5.2.1　Socket 类

Socket 类是 TCP Socket 中重要的类。该类有两个作用：其一是作为客户机端向指定的服务器发起连接请求，其二是在服务器端生成一个与客户机端对等的通信实体，实现一对一的通信功能。其类定义如图 5-3 所示。

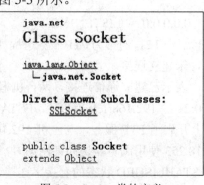

图 5-3　Socket 类的定义

其常用构造方法：
- protected Socket() throws IOException，建立一个默认的 TCP 客户端套接字；
- public Socket(InetAddress addr, int port) throws IOException，向指定 InetAddress 的目标服务器的端口 port 发起连接请求；
- public Socket(String host, int port) throws IOException，向指定名称的目标服务器的端口 port 发起连接请求。

Socket 构造方法的含义是，向某指定主机的指定端口发出连接请求，例如：

Socket sc1 = new Socket("202.117.128.8", 80); //向主机 202.117.128.2 上的标识为 80 的服务进程发起连接请求。

Socket sc2 = new Socket("www.xupt.edu.cn", 80); //向主机 www.xupt.edu.cn 上的标识为 80 的服务进程发起连接请求。

Socket sc3 = new Socket(InetAddress.getByName("www.xupt.edu.cn"), 80);参数使用了 InetAddress 对象，向目标的 80 端口发起连接请求。

实际上，上面三个连接请求都是实现了向相同的 Web 服务器发起连接请求的功能，只不过是参数的形式不同而已。

Socket 类常用的方法有：
- public void close()，关闭当前套接字；
- int getPort()，获得对方 Socket 端口号；
- int getLocalPort()，获得本地 Socket 端口号；
- InetAddress getInetAddress()，获得对方 InetAddress 对象；
- InetAddress getLocalAddress()，获得本地 InetAddress 对象；
- InputStream getInputStream()，获得输入流对象；
- OutputStream getOutputStream()，获得输出流对象。

【例 5-1】 演示最基础的 Socket 中的方法。

1. import java.io.*;
2. import java.net.*;
3. public class exp_5_1{
4.   public static void main(String [] args){
5.   String hostName = "www.xupt.edu.cn";
6.   int port = 80;
7.   Socket cs = null;
8.   try{
9.   cs = new Socket(hostName, port);
10.   System.out.println("连接"+hostName+"的端口"+port+"成功");
11.   System.out.println("对方主机" + cs.getInetAddress() + "：对方端口" + cs.getPort());
12.   System.out.println("本地主机" + cs.getLocalAddress() + "：本地端口" + cs.getLocalPort());
13.   cs.close();

```
14.         }catch(Exception e){
15.             System.err.println("无法连接指定服务");
16.         }
17.     }
18. }
```

代码注释如下：

① 第 1~2 行在网络编程时都需要引用 java.io 和 java.net 类库包；

② 第 5~6 行设定要访问的主机名称为 www.xupt.edu.cn，端口为 80；

③ 第 7 行声明客户端套接字变量 cs；

④ 第 9 行向预先设定好的主机上的端口发起连接请求，如果连接成功的话则对客户端套接字 cs 进行赋值；

⑤ 第 11~12 行获得本次连接套接字信息。

运行结果如图 5-4 所示。

图 5-4 Socket 常用方法演示

从运行结果可知，只要连接的主机在指定的端口上开启了监听服务，如 www.xupt.edu.cn 上启动的 80 服务，通过 Socket 就可以实现连接。如果该端口号无响应(如试图连接 www.xupt.edu.cn 上的 81 端口)，说明主机未开启该端口号。利用这个特性，可以设计对指定主机上的端口进行扫描，检查开放了哪些端口。

【例 5-2】 实现对指定计算机的端口开放情况扫描。

```
1.  import java.io.*;
2.  import java.net.*;
3.  public class exp_5_2{
4.      public static void main(String args[]) throws IOException{
5.          Socket cs = null;
6.          String hostName = "www.xupt.edu.cn";
7.          for(int i=78;i<83; i++){    //扫描端口范围 78 到 83，可扩大
8.              try{
9.                  //建立 socket 连接
10.                 cs = new Socket(hostName, i);//发出连接请求
11.                 System.out.println("连接"+hostName +"端口"+ i+"成功");
12.             }catch(UnknownHostException e){
13.                 System.err.println("不能找到主机"+hostName);
14.             }catch(IOException e){
15.                 System.err.println("连接"+hostName +"端口"+ i+"失败");
16.             }
```

17.   }
18.   }
19. }

代码注释如下：
① 第 6 行设定目标计算机名称；
② 第 7 行设定端口扫描范围，应在 0～65 535 之间。
③ 第 8～16 行尝试连接指定主机的指定端口，并给出提示信息。

由于在测试远程主机端口时，等待应答的时间可能会比较长，可以缩小探测端口的范围。也可以将 hostName 设置为 localhost 或临近的主机。运行结果如图 5-5 所示。

图 5-5 测试主机 www.xupt.edu.cn 的端口开放情况

当利用 Socket 实现通信时，在实现与服务器连接后，客户机端套接字上分别获得输入与输出流，并且通过相应方法从网络获取数据和向网络发送数据。

【例 5-3】 TCP 客户机端代码。

1. import java.io.*;
2. import java.net.*;
3. public class exp_5_3{
4.   public static void main(String args[]) throws IOException{
5.   Socket cs = null;
6.   DataOutputStream os = null;
7.   DataInputStream is = null;
8.   try{//建立 socket 连接
9.   cs = new Socket("localhost", 8000);//发出连接请求
10.   is = new DataInputStream(cs.getInputStream());
11.   os = new DataOutputStream(cs.getOutputStream());
12.   }catch(UnknownHostException e){
13.   System.err.println("不可识别的主机");
14.   System.exit(0);
15.   }catch(IOException e){
16.   System.err.println("无法链接到服务器的 8000 端口");
17.   System.exit(0);
18.   }
19.   DataInputStream stdIn = new DataInputStream(System.in);
20.   System.out.print("请输入你的用户名：");
21.   String username = stdIn.readLine();

```
22.        String fromServer, fromUser;
23.        while((fromServer = is.readUTF()) != null){
24.            System.out.println("Server:" + fromServer);
25.            if(fromServer.equals("bye")) break;
26.            System.out.print("Client:");
27.            fromUser = stdIn.readLine();
28.            os.writeUTF(username + "#" +fromUser);
29.            os.flush();
30.        }
31.        os.close();
32.        is.close();
33.        stdIn.close();
34.        cs.close();
35.    }
36. }
```

代码注释如下：

① 第6~7行分别声明了输入和输出流对象；

② 第9行向指定服务器 localhost 的 80 端口发起连接请求，如果连接成功则给客户端套接字 cs 复制；

③ 第10~11行在套接字 cs 上通过 getInputStream()和 getOutputStream()方法分别获得输入和输出流；

④ 第19~21行要求客户端通过键盘输入一个用户名；

⑤ 第22~28行实现客户端与服务器的通信；

⑥ 第22行定义了用于接收和发送数据的字符串变量 fromServer 和 fromUser；

⑦ 第23行通过 is.readUTF()从网络接收数据；

⑧ 第25行判断收到的字符是否为"bye"，如果是则退出循环结束程序；

⑨ 第27行从本地键盘输入信息；

⑩ 第28行通过 os.writeUTF()实现向网络发送数据；

⑪ 第29行通过调用 os.flush()将存储在本地发送缓存的数据立即向网络发送，保证消息的实时性；

⑫ 第31~34行关闭流和套接字，释放资源。

该代码与例 5-4 配合执行，运行结果如图 5-6 所示。

```
请输入你的用户名：abc
Server:Welcome to My Chat Server
Client:hello
Server:welcome
Client:
```

图 5-6 客户机端显示

5.2.2 ServerSocket 类

ServerSocket 类用于在 TCP 传输的服务器端建立一个监听端口，监听本地服务器是否接收到客户机端的连接请求。当接收到客户机端连接请求，采用 accept()方法确认连接，并在本地返回一个 Socket 对象，利用该 Socket 对象与客户机端 Socket 实现建立通信连接。其类定义如图 5-7 所示。

图 5-7　ServerSocket 类的定义

其常用构造方法：
- ServerSocket() throws IOException，建立一个服务器端标识；
- ServerSocket(int port) throws IOException，在指定的端口建立一个服务器端标识。

其端口取值范围在 0～65535 之间，当取值为 0，表示使用本地任何空闲端口建立监听，监听本地某个指定的端口，例如：

ServerSocket ss0 = new ServerSocket(80);　　//监听 TCP 80 端口是否有连接请求
ServerSocket ss1 = new ServerSocket(0);　　//监听某一空闲端口是否有连接请求

ServerSocket 常用的方法有：
- public Socket accept()，服务器接收客户机端连接请求；
- int getLocalPort()，当使用 ServerSocket(0)构造对象时，可获得自动分配得到的监听端口号；
- public void close()，停止监听指定端口，关闭 ServerSocket 套接字。

由于 TCP 是面向连接的协议，提供可靠的通信服务，因而经常被用于文件传输等有可靠性要求的场景中。当使用 Java 进行 TCP 通信编程时，首先由服务器端利用 ServerSocket 开启服务端口等待客户机端的连接请求。其次，由客户机端的 Socket 发起连接请求，服务器端使用 accept()方法接收客户机端，生成与客户机端对应的 Socket，完成 TCP 连接建立。接下来服务器和客户机端分别获得对应的输入/输出流，即可进行通信。最后，通信结束分别关闭两端的数据流和套接字，释放系统资源。

图 5-8 所示为 TCP Socket 通信的流程。

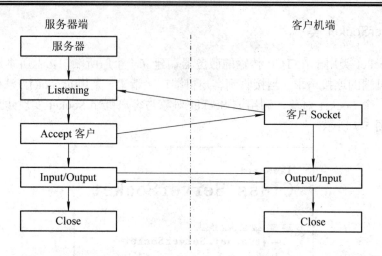

图 5-8 TCP Socket 通信的流程

【例 5-4】 TCP 服务器端代码。

1. import java.io.*;
2. import java.net.*;
3. public class exp_5_4{//TCP 通信，作为服务器
4.   public static void main(String [] args) throw IOException{
5.   ServerSocket ss = null;
6.   try{
7.   ss = new ServerSocket(8000);
8.   System.out.println("服务器开始监听 8000 端口的连接请求");
9.   }catch(IOException e){
10.   System.err.println("8000 端口不能使用");
11.   System.exit(1);
12.   }
13.   Socket cs= null;
14.   try{
15.   cs = serverSocket.accept();
16.   }catch(IOException e){
17.   System.err.println("接受客户机端连接失败");
18.   System.exit(1);
19.   }
20.   DataOutputStream os = new DataOutputStream(cs.getOutputStream());
21.   DataInputStream is = new DataInputStream(cs.getInputStream());
22.   String inputStr, outputStr;
23.   //输出操作
24.   os.writeUTF("Welcome to My Chat Server");
25.   os.flush();//立即将数据从输出缓存提交给网络发送

26.	DataInputStream stdIn = new DataInputStream(System.in); //获得键盘输入流
27.	//输入操作
28.	while((inputStr= is.readUTF()) != null){ //接受网络数据
29.	System.out.println("Customer:" + inputStr);
30.	System.out.print("Server:");
31.	outputStr = stdIn.readLine(); //接受键盘输入
32.	os.writeUTF(outputStr); //向网络发送数据
33.	os.flush();
34.	if(outputStr.equals("bye")) break;
35.	}
36.	os.close();//流关闭
37.	is.close();
38.	cs.close();//套接字关闭
39.	ss.close();
40.	}
41.	}

代码注释如下：

① 第 5～12 行启动监听本地的 8080 端口；

② 第 13～19 行当收到客户端连接请求，通过 accept()实现与客户端的连接，并生成对应的套接字 cs；

③ 第 20～21 行在套接字 cs 上获得输入和输出流；

④ 第 24～35 行实现与客户端的通信，直至输入"bye"为止。

该例程的运行结果与例 5-3 配合执行，将实现一问一答式通信。运行结果如图 5-9 所示。

```
服务器开始监听8000端口的链接请求
Customer:abc#hello
Server:welcome
```

图 5-9　服务器端显示

5.3　多线程操作

5.3.1　多线程的概念

在上一节的例子中，实现的是通信最基本的形式"点到点(Point to Point，P2P)"通信，其特点是只有 2 人参与，进行一问一答形式的信息交互。如果要实现多于 2 人参与的互动会话聊天室，在软件设计时需要考虑如何接受多个参与者的申请，加入到同一个会话场景。

通常，在基于 TCP 的网络编程中采用按照多线程的解决方案，以不同线程来与不同的用户建立 Socket 连接，分别进行通信。这样的解决方案可以很容易在生活中发现，例如火车票销售系统、银行存取系统或者是自来水供应系统均能为多个客户同时提供服务。

在计算机中被执行的程序称为"进程(Process)",它是在计算机中依次执行的指令,独立占有系统资源,代表主动对象。线程(Thread)指进程概念中的程序代码的执行位置。线程是属于进程的,一个进程往往存在多个相似的线程。另一种更加形象的比喻是"线程是程序中的一条执行路径",则多线程表示程序中包含多条执行路径。当多个线程同时使用同一资源的时候,将会产生冲突。

【例5-5】 实现一组数1~30的累加,共启用3个线程,每个线程都是从该数据集合中取10个数分别累加,最后将各线程的和再累加在一起。

```
1.  class Sum{ //共享资源,计数器count
2.      private int count;//共享资源
3.      synchronized public int add(){
4.          count = count + 1;
5.          return count;
6.      }
7.  }
8.  class SumThread implements Runnable{
9.      private Sum sd;
10.     private int sum = 0;
11.     private String name = null;
12.     public SumThread(String name, Sum sd){
13.         this.name = name;
14.         this.sd = sd;
15.     }
16.     public void run(){//必需的重写
17.         try{
18.             for(int i=0;i<10;i++){
19.                 sum += sd.add();
20.                 Thread.sleep(100);
21.             }
22.             Thread.sleep(1000);
23.         }catch(Exception e){
24.             System.err.println(e.toString());
25.         }
26.         System.err.println(name + "累加和:" + sum);
27.     }
28.     public int getSum(){
29.         return sum;
30.     }
31. }
```

```
32.    class SumDemo{
33.        public static void main(String [] args) throws Exception{
34.            Sum sd = new Sum();//代表共享资源的变量
35.            SumThread st1 = new SumThread("线程 1",sd);    //创建子线程
36.            SumThread st2 = new SumThread("线程 2",sd);
37.            SumThread st3 = new SumThread("线程 3",sd);
38.            Thread tst1 = new Thread(st1);
39.            Thread tst2 = new Thread(st2);
40.            Thread tst3 = new Thread(st3);
41.            tst1.start();//使线程运行
42.            tst2.start();
43.            tst3.start();
44.            tst1.join(); tst2.join(); tst3.join();
45.            System.out.println("总和为:" + (st1.getSum() + st2.getSum() + st3.getSum()));
46.        }
47.    }
```

代码注释如下：

① 第 1 行因为要实现数字 1～30 的累加，所以定义一个共享资源类；

② 第 2 行成员变量 count 为共享资源，为了避免外部直接引用，使用了 private 修饰符；

③ 第 3～6 行定义 count 的自增方法为 +1，并且通过 synchronized 声明该方法在某个时刻只能被一个线程所调用，即排他行；

④ 第 8～31 行定义实现累加的线程；

⑤ 第 34 行定义计数器对象；

⑥ 第 35～40 行定义三个累加的线程对象，并将这些对象作为参数传递为 Thread 类对象；

⑦ 第 41～43 行通过 start()启动累加线程；

⑧ 第 44 行通过 join()将这些子线程加入到主线程中，保证当子线程结束后，主线程才能结束；

⑨ 第 45 行输出累加结果。

运行结果如图 5-10 所示。

```
线程3累加和:147
线程2累加和:162
线程1累加和:156
总和为:465
```

图 5-10 多线程累计结果

该例在第 9 章远程方法接口修改为分布式累加。

5.3.2 Java 的多线程

Java 中为用户自定义线程类提供了两种方法，分别是：
- 继承 Thread 类，例如：
    public class myThread extends Thread{ }
- 实现 Runnable 接口，例如：
    public class myThread implments Runnable{ }

这两种方法都需要调用 run()方法使线程运行。所以，自定义线程时必须覆盖 run()方法。由于 Java 的单继承特性，通常建议在自定义线程类时采用 Runnable 接口。

Thread 类提供了七种重载的构造方法来实现线程类的实例化，分别是：
- public Thread()，默认的构造方法；
- public Thread(String name)，指定了线程名称的构造方法；
- public Thread(Runnable target)，带有 Runnable 参数的构造方法；
- public Thread(Runnable target, String name)，有 Runnable 参数和名称的构造方法；
- public Thread(ThreadGroup group, String name)，带有线程组名和线程名的构造方法；
- public Thread(ThreadGroup group, Runnable target)，带有线程组名和 Runnable 参数的构造方法；
- public Thread(ThreadGroup group, Runnable taget, String name) 带有线程组名和 Runnable 参数，以及设定了线程名的构造方法；

在利用 Thread 实现多线程时，需要先自定义线程类，然后声明线程实例对象，最后调用 start()使线程运行。

【例 5-6】 采用 extends Thread 示例。
```
1.    class MyThread extends Thread{
2.        public MyThread(String name){
3.            super(name);
4.        }
5.        public void run(){
6.            System.out.println("你好");
7.        }
8.        public static void main(String [] args){
9.            MyThread myT = new MyThread();
10.           myT.start();
11.       }
12.   }
```

在利用 Runnable 实现多线程时，不能直接创建线程类，必须先声明一个 Runnable 实例对象，再将该实例传递给 Thread 类，才能调用 start()使线程运行。

【例 5-7】 使用 implements Runnable 示例。

```
1.   class MyThread implements Runnable{
2.       public MyThread(String name){
3.           super(name);
4.       }
5.       public void run(){
6.           System.out.println("你好");
7.       }
8.       public static void main(String [] args){
9.           MyThread myT = new MyThread();        //先声明一个
10.          Thread tMyT = new Thread(myT);        //将 Runnable
11.          tMyT.start();
12.      }
13.  }
```

代码注释如下：
① 第 2~7 行与例 5~6 中的相同；
② 第 9~10 行先声明一个 Runnable 对象，再将该对象带入 Thread 构造方法；
③ 第 11 行通过 start()启动线程。

当多个线程同时访问一个资源的时候，可能会出现数据处理异常，类似于数据库操作中的脏读和脏写，所以引入线程同步的概念来避免它。同步的基本思想是避免多个线程同时访问同一资源，可以通过"锁"的形式实现。Java 同步机制的作用就是力图避免对"对象"访问的冲突。为此，Java 提供了一种信号量 monitor 来控制访问对象的同步，使用关键字 synchronized 来修饰方法或者程序段，实现信号量的控制。Synchronized 既可以用来锁完整的成员方法，也可以用来锁方法中某个程序段。如：

```
synchronized void method(){}         //修饰方法
synchronized{ }                       //修饰程序段
```

当程序执行带有该关键字部分的时候，先检查是否存在 monitor 标志，如无则执行该程序，否则等待该 monitor 结束才能执行。

5.3.3 多线程与 TCP Socket

聊天室(chat room)是一个典型的多线程通信应用程序。如果是基于 TCP 协议的通信，则服务器端必须利用多线程与每个客户机端进行单独的连接，并采用线性表或链表保存每个客户机端的 Socket 信息，然后由服务器以逐次转发消息形式，实现消息的发布。如果是基于 UDP 通信，则可以选择与 TCP 相类似的方法，也可以使用 D 类 IP 多播地址进行群发信息。

在 TCP 中，首先服务器开启指定的端口，用于监听客户机端的连接请求。客户机端发起连接请求，服务器端通过 accept()接收，生成一个单独的线程与每一个客户机端进行独立的通信，如图 5-11 所示。

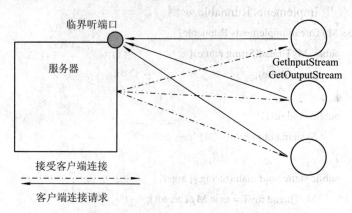

图 5-11 基于 TCP 的多线程通信

在程序设计时，可保持在客户机端程序(例 5-4)不改变的情况，在原单线程的服务器(例 5-4)上改进，增加以下部分功能：

(1) 设立主程序线程；
(2) 增加 while 循环，接受客户机端的连接请求；
(3) 设立对应客户机端的对话线程；
(4) 创建线程对象，并启动该线程。

【例 5-8】 在例 5-4 基础上改进的服务器端代码。

```
1.   import java.io.*;
2.   import java.net.*;
3.   class MyServer implements Runnable{
4.        ServerSocket ss = null;
5.        MyServer(int port){
6.             try{
7.                  ss = new ServerSocket(port);      //端口号唯一标是本进程
8.                  System.out.println("启动本地"+ port + "端口");
9.             }catch(IOException e){
10.                 System.err.println("启动本地"+ port + "端口失败");
11.                 System.exit(1);
12.            }
13.       }
14.       public void run(){
15.            try{
16.                 while(true){
17.                      clientThread ct = new clientThread(ss.accept());
18.                      Thread tct = new Thread(ct);
19.                      tct.start();
20.                 }
21.            }catch(IOException e){
```

```
22.         System.err.println(e.toString());
23.       }
24.     }
25.     class clientThread implements Runnable{
26.       Socket cs = null;
27.       clientThread(Socket cs){
28.         this.cs = cs;
29.       }
30.       public void run(){
31.         String inputStr, outputStr;
32.         try{
33.           DataOutputStream os = new DataOutputStream(cs.getOutputStream());
34.           DataInputStream is = new DataInputStream(cs.getInputStream());
35.           os.writeUTF("Welcome to My Chat Server");
36.           os.flush();//立即将数据从输出缓存提交给网络发送
37.           DataInputStream stdIn =   new DataInputStream(System.in);
38.           while((inputStr = is.readUTF()) != null){
39.             System.out.println("Customer:" + inputStr);
40.             System.out.print("Server:");
41.             outputStr = stdIn.readLine();
42.             os.writeUTF(outputStr);
43.             os.flush();
44.             if(outputStr.equals("bye")) break;
45.           }
46.           os.close();    //流关闭
47.           is.close();
48.           cs.close();    //套接字关闭
49.         }catch(IOException e){
50.           System.err.println(e.toString());
51.         }
52.       }
53.     }
54.     public static void main(String [] args){
55.       MyServer ms = new MyServer(8000);
56.       Thread tms = new Thread(ms);
57.       tms.start();
58.     }
59. }
```

代码注释如下:
① 第 3 行声明主程序为线程;
② 第 5~13 行在构造方法中实现监听本地的指定端口;
③ 第 16~20 行采用 while 循环的方法无限地接收客户端的连接请求;
④ 第 25~53 行定义客户端的通信线程类,该类实现了 Runnable 接口;
⑤ 第 54~58 行启动主程序。

例 5-8 是一个简化的多线程服务器端程序,实际上真实环境下需要为服务器主程序、与客户端连接、接收客户端消息、给客户端发送消息等设置线程。

5.3.4 多客户端信息存储

在上节中仅讨论了如何使用多线程连接多个客户机端。而实际上要满足一个简单聊天室的功能,还需要考虑以下重要的内容:

● 如何保存客户机端的信息,例如,客户机端的 Socket 信息等,当服务器端收到客户机端发送的消息后,如何将消息向聊天室里所有用户的分发;

● 如何设计消息的格式,即在聊天室中发送的消息应该包含哪些内容,例如,信息的发送者、接收者目的地,以及内容等;

通常,为了保存所有连接到服务器的客户机端 Socket 信息,可以采用 Java 所提供的线性表 Collection 或链表 Map 等数据结构,这些结构保存在 java.util 类库中,如图 5-12 所示。

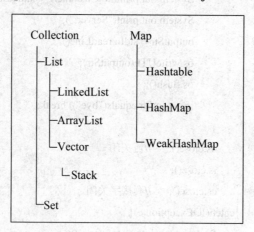

图 5-12 Java 中的线性表和链表类

其中,Java.util.Vector 提供了向量(Vector)类以实现动态数组的功能,在多线程编程时经常被使用。每个 Vector 实例都有一个容量(Capacity),用于存储元素的数组,这个容量可随着不断添加新元素而自动增加。

Vector 的构造方法有:

● Vector(); //构造一个空的实例对象

● Vector(int initialCapacity); //构造一个初始有一个向量的实例对象

● Vector(int initialCapacity, int capacityIncrement) ; //构造一个初始有一个向量,并且每次递增一个的实例对象

例如：

    Vector userList=new Vector();

其常用方法有：

    Vector.add(element);　　　　　　//添加一个元素

    Vector.remove(socket);　　　　　　//移除一个指定元素

    Vector.size();　　　　　　　　　　//获取 Vector 中元素个数

在例 5-8 基础上进行修改，第一，需要在 myServer 类中声明一个 Vector 对象，如下：

1. import java.io.*;
2. import java.net.*;
3. import java.util.Vector;
4. class MyServer implements Runnable{
5.   ServerSocket ss = null;
6.   Vector <Socket>userList = new Vector();　　//表示用于储存 Socket 的线性表
7. }

第二，在 ServerSocket 使用 accept()方法处修改，将接收生成的套接字保存在 userList 中：

1. Socket cs = null;
2. while(true){　　//接受客户机端连接，并为每一个客户机端都建立一个线程
3.   cs = ss.accept();
4.   userList.add(cs);
5.   clientThread ct = new clientThread(cs);
6.   Thread tct = new Thread(ct);
7.   tct.start();
8. }

第三，修改客户通信线类，这时将服务器端仅作为消息的转发者，不允许通过键盘输入与客户机端对话：

1. while((str = is.readUTF()) != null){ //接受网络数据
2.   System.out.println("客户:" + inputStr);
3.   for(Socket cs: userList){　　//遍历所有的客户机端 Socket，依次发送
4.   os = new DataOutputStream(cs.getOutputStream());
5.   os.writeUTF(str);
6.   }
7.   if(outputStr.equals("bye")) break;
8. }

第四，为了客户机端能及时地收到服务器转发过来的消息，需要为客户机端的接收和发送数据流分别设置 2 个线程。

【例 5-9】 多线程的客户机端代码。

1. import java.io.*;
2. import java.net.*;
3. class exp_client implements Runnable{

```java
4.      Socket cs = null;
5.      String hostName="localhost";
6.      int port = 8000;
7.      DataInputStream is   = null;
8.      DataOutputStream os = null;
9.      DataInputStream stdIn = null;
10.     exp_client(String hostName, int port){
11.         this.hostName = hostName;
12.         this.port = port;
13.     }
14.     public void run(){
15.         try{
16.             cs = new Socket(hostName, port);
17.             is = new DataInputStream(cs.getInputStream());
18.             os = new DataOutputStream(cs.getOutputStream());
19.             stdIn =  new DataInputStream(System.in);
20.             System.out.println("客户端");
21.             os.writeUTF("你好服务器!");
22.             os.flush();
23.             new rcThread(cs).start();     //启动接收线程
24.             new scThread(cs).start();     //启动发送线程
25.         }catch(Exception e){
26.             System.err.println(e);
27.         }
28.     }
29.     class rcThread extends Thread{      //自定义接收线程内部类
30.         Socket client;
31.         DataInputStream is = null;
32.         rcThread(Socket client) throws Exception{
33.             this.client = client;
34.             is = new DataInputStream(client.getInputStream());
35.         }
36.         public void run(){
37.             String str;
38.             stdIn =  new DataInputStream(System.in);
39.             try{
40.                 while(true){
41.                     str = is.readUTF();
42.                     System.out.println(str);
```

```java
43.            }
44.        }catch(Exception e){
45.            System.err.println(e.toString());
46.        }
47.    }
48. }
49. class scThread extends Thread{        //自定义发送线程内部类
50.    Socket client;
51.    DataOutputStream is = null;
52.    scThread(Socket client) throws Exception{
53.        this.client = client;
54.        os = new DataOutputStream(client.getOutputStream());
55.    }
56.    public void run(){
57.        String str;
58.        try{
59.            while(true){
60.                str = stdIn.readLine();
61.                os.writeUTF(client.getInetAddress().toString() + ":"
                        + client.getLocalPort() +":" + str);
62.                os.flush();
63.            }
64.        }catch(Exception e){
65.            System.err.println(e.toString());
66.        }
67.    }
68. }
69. public static void main(String [] args){
70.    exp_client ec = new exp_client("localhost", 8000);
71.    Thread tec = new Thread(ec);
72.    try{
73.        tec.start();
74.        tec.join();
75.    }catch(Exception e){
76.        System.err.println(e);
77.    }
78. }
79. }
```

代码注释如下：
① 第 3 行声明客户端为线程；
② 第 4～9 行声明成员变量；
③ 第 14～28 行声明客户端线程的启动方法；
④ 第 16 行连接指定的服务器端；
⑤ 第 23 行启动消息的接收线程；
⑥ 第 24 行启动消息的发送线程；
⑦ 第 29～48 行声明内部接收线程类；
⑧ 第 49～68 行声明内部发送线程类。

在聊天室中，为了区分消息的不同来源、目的地等内容，需要程序设计者自定义消息格式。通常，消息内容包括以下内容：消息的发送者、消息的接收者和消息的内容。可以使用字符串来保存消息，也可以采用自定义类来储存消息，参见第 7 章序列化内容。

本节首先介绍使用字符串形式存储消息，采用类的形式存储消息将在类的序列化操作章节中介绍。采用字符串存储的形式，例如：

张三#李四#早上好

为了能够区分在字符串中多个信息段，通常由程序的设计者选择一个不常用的字符或者字符串作为间隔符。本例中选择符号"#"，那么消息格式为：

消息的发送者 # 消息的接收者 # 消息的内容

这个消息将达到通信双方的共同认可，并由发送方将消息合成，则客户机端可采用以下例程：

StringBuffer outputStr = null;

DataOutputStream os = null;

outputStr.append("张三").append("#").append("李四#早上好");

os.writeUTF (outputStr);

os.flush();

该消息发送到达接收方后，如何来拆开这样的消息格式呢？有三种方法可以选择。

● 使用 String 中的方法 indexOf()定位"#"的位置，再使用 subString()取出"#"之间的实际信息。

● 使用 String 的拆分方法 splite()，其作用是将字符串按照指定的间隔字符串拆分到一个字符串数组中。

String [] newStr = String.splite(String str);

例如：

String oldStr = "张三#李四#早上好";

String str = "#";

String [] newStr = oldStr.split(str);

则

newStr[0] = "张三";

newStr[1] = "李四";

newStr[2] = "早上好";

- 采用 StringTokenizer 类对象拆分字符串，例如：
  String oldStr = "张三#李四#早上好";
  String str = "#";
  StringTokenizer st = new StringTokenizer(oldStr, str);
  while (st.hasMoreTokens()){
      System.out.println(st.nextToken());
  }

习 题 5

1. 在 TCP/IP 体系结构中传输层端口的作用是什么？端口如何表示？
2. 通信中，套接字的作用是什么？套接字由几个部分组成？
3. 在 Windows 操作系统下，使用 Netstat 查看本地开放的端口。
4. Java 所提供的基础 TCP 套接字有哪些？其作用分别是什么？
5. 在 Java 中 TCP 通信的流程图是怎么样的？
6. ServerSocket 类中的构造方法有哪些？其主要方法有哪些？
7. Socket 类中的构造方法有哪些？其主要方法有哪些？
8. 什么是多线程？
9. 在例 5-5 基础上实现 1~10000 的累加，并改变启动的累加线程数量，观察累加的效率。
10. 根据本章中例 5-2 与例 5-5 编写多线程扫描指定的主机开放的端口(0~65535)，测试开启单线程、三线程与十线程所耗费的总时间。
11. 在利用例 5-2 对指定主机的全端口扫描时，将可连接端口保存在一个文件中。
12. 完善例 5-8 和例 5-9，使其能实现通用的聊天室功能。

第 6 章 UDP Socket

用户数据报协议(User Datagram Protocol，UDP)与 TCP 都是 TCP/IP 体系结构中运输层上的重要协议，负责用户数据的传递和接收。本章将介绍 UDP 协议基础概念、Java 语言提供的 UDP Socket 类和如何实现 UDP 组播技术等内容。

6.1 UDP

6.1.1 UDP 的概念

UDP 是 TCP/IP 参考模型中传输层的无连接协议，提供面向事务的、简单的、不可靠的数据传送服务。UDP 协议的最早规范于 1980 年发布，编号为 RFC768。UDP 与 TCP 均属于 TCP/IP 体系结构中传输层的协议，通过应用层与传输层之间的端口为上层的应用程序提供并发传输服务。其特点为：

● UDP 是一个无连接协议，传输数据之前源端和终端不建立连接，当它想传送时就简单地去抓取来自应用程序的数据，并尽可能快地把它扔到网络上。在发送端，UDP 传送数据的速度仅仅是受应用程序生成数据的速度、计算机的能力和传输带宽的限制；在接收端，UDP 把每个消息段放在队列中，应用程序每次从队列中读一个消息段。

● 由于传输数据不建立连接，因此也就不需要维护连接状态、数据报收发状态等，因此一台服务机可同时向多个客户机传输相同的消息。

● UDP 信息包首部短，只有 8 个字节，相对于 TCP 的 20 个字节信息包的额外开销很小。

● 吞吐量不受拥挤控制算法的调节，只受应用软件生成数据的速率、传输带宽、源端和终端主机性能的限制。

● UDP 使用尽最大努力交付，即不保证可靠交付，因此主机不需要维持复杂的链接状态表(这里面有许多参数)。

● UDP 是面向报文的。发送方的 UDP 对应用程序交下来的报文，在添加首部后就向下交付给 IP 层，既不拆分，也不合并，而是保留这些报文的边界，因此，应用程序需要选择合适的报文大小。

虽然 UDP 是一种不可靠的网络协议，但是在很多情况下 UDP 协议会非常有用。因为 UDP 具有 TCP 所望尘莫及的数据传输速度优势。在 TCP 协议中植入了各种安全保障功能，但是在实际执行的过程中会占用大量的系统开销，使 TCP 传输速度受到了严重的影响。反观 UDP，由于排除了信息可靠传递机制，将安全和排序等功能移交给上层应用来完成，极大降低了执行时间，使数据传输速度得到了保证。UDP 与 TCP 之间的主要区别如表 6-1 所示。

表 6-1 TCP 与 UDP 的区别

协议 项目	TCP	UDP
是否连接	面向连接	无连接
传输可靠性	可靠传输	不可靠传输
应用场合	传输大量数据，有传输质量要求	传输少量数据，有数据实时性要求
传输速度	慢	快

正因为 UDP 的特点，在为网络通信软件选择使用协议的时候，选择 UDP 必须要谨慎。在网络质量令人不十分满意的环境下，UDP 协议数据包丢失会比较严重，很多仅在局域网环境下使用的通信软件采用 UDP 协议。又由于 UDP 不属于连接型协议，具有资源消耗小、处理速度快的优点，因而通常音频、视频和消息数据在传送时使用 UDP 较多，因为它们即使偶尔丢失一两个数据包，也不会对接收结果产生太大影响。比如各种类型的聊天室软件，如 ICQ、QQ 和视频电话会议系统均使用的 UDP 协议。相对于数据传输的可靠性而言，某些应用更加注重实际性能，为了获得更好的使用效果(例如，更高的画面帧刷新速率)，往往可以牺牲一定的可靠性(例如，画面质量)。采用 UDP 应用层的协议如表 6-2 所示。

表 6-2 采用 UDP 应用层的协议

应用	应用层协议	传输层协议
域名解析	DNS	UDP
小文件传输	TFTP	UDP
路由选择协议	RIP	UDP
IP 地址配置	BOOTP, DHCP	UDP
网络管理	SNMP	UDP
远程文件服务器	NFS	UDP
IP 电话	H.323	UDP
流式多媒体通信	RTP, RTCP	UDP
多播	IGMP	UDP

6.1.2 信息传播的形式

信息在网络中传播的形式有三种，分别是：单播(UniCast)、广播(BroadCast)和组播(MultiCast，或称为多播)，如图 6-1 所示。采用 TCP 作为传输协议，信息传递只能实现点到点的单播形式，如果必须使用 TCP 作为传输协议而实现向多个用户发送相同的消息，就必须采用轮流循环的方式进行点到点的单播，从而降低了信息的实时性也浪费了带宽。利用 UDP 作为传输协议，则可以实现所有形式的传播。

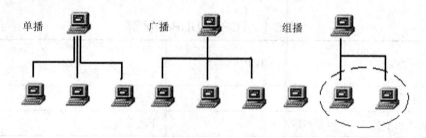

图 6-1　单播、广播、组播示意图

　　单播指客户端与服务器之间的点到点连接，即当客户端发出请求时，服务器发送独立单播流。单播的优点：服务器及时响应客户机的请求；服务器针对每个客户不同的请求发送不同的数据，容易实现个性化服务。单播的缺点：服务器针对每个客户机都需要发送数据流，服务器流量 = 客户机数量 × 客户机流量；在客户数量大、每个客户机流量大的流媒体应用中服务器不堪重负。现有的网络带宽是金字塔结构，即城际省际主干带宽仅仅相当于其所有用户带宽之和的 5%。如果全部使用单播协议，将造成网络主干不堪重负。现在的 P2P 应用就已经使主干经常阻塞，只要 5% 的客户在全速使用网络，其他人就无法使用了，而将主干扩展 20 倍几乎是不可能的。

　　广播指主机之间"一对所有"的通信模式，网络对其中每一台主机发出的信号都进行无条件复制并转发，所有主机都可以接收到所有信息(不管是否需要)，由于其不用路径选择，所以其网络成本可以很低廉。广播的优点：网络设备简单，维护简单，布网成本低廉；由于服务器不用向每个客户机单独发送数据，所以服务器流量负载极低。广播的缺点：无法针对每个客户的要求和时间及时提供个性化服务；网络允许服务器提供数据的带宽有限，客户端的最大带宽 = 服务总带宽。例如有线电视的客户端的线路支持 100 个频道(如果采用数字压缩技术，理论上可以提供 500 个频道)，即使服务商有更大的财力配置更多的发送设备、改成光纤主干，也无法超过此极限。也就是说广播无法向众多客户提供更多样化、更加个性化的服务；广播禁止在 Internet 宽带网上传输，因为会产生广播风暴，造成网络阻塞。

　　组播指主机之间"一对一组"的通信模式，也就是加入了同一个组的主机可以接收到此组内的所有数据，网络中的交换机和路由器只向有需求者复制并转发其所需数据。组播的优点：需要相同数据流的客户端加入相同的组共享一条数据流，节省了服务器的负载，具备广播所具备的优点；由于组播协议是根据接收者的需要对数据流进行复制转发，所以服务端的服务总带宽不受客户接入端带宽的限制。IP 协议允许有 2 亿 6 千多万个组播，所以其提供的服务可以非常丰富；此协议和单播协议一样允许在 Internet 宽带网上传输。组播的缺点：与单播协议相比没有纠错机制，发生丢包错包后难以弥补，但可以通过一定的容错机制和 QoS 加以弥补。现行网络虽然都支持组播的传输，但在客户认证、QoS 等方面还需要完善，这些缺点在理论上都有成熟的解决方案，只是需要逐步推广应用到现存网络当中。

　　以上三种信息传播形式各有优缺点，互为补充。在具体应用中，要根据应用需求而选择适合的通信方式。

6.2 UDP Socket

6.2.1 DatagramSocket 类和 DatagramPacket 类

在 J2SDK 以前的版本里，TCP 和 UDP 套接字都使用 Socket 类。在 J2SDK 中专门提供了 UDP 的套接字类，在 java.net 类库中有 DatagramSocket 类和 DatagramPacket 类来实现对 UDP 数据报的传输。

DatagramSocket 类用于实现 UDP 通信的套接字，实现端到端的通信，完成数据报的接收和发送。其特点是数据发送端和接收端不需要事先建立通信连接，甚至可以是在接收端未准备好或者不存在的情况下，发送端也可以进行消息发送，类定义如图 6-2 所示。

图 6-2 DatagramSocket 类定义

其构造方法有：
- public DatagramSocket()，在本地系统任一空闲的 UDP 端口建立 UDP Socket 对象；
- public DatagramSocket(int port)，在指定端口建立 UDP Socket 对象；
- public DatagramSocket(int port, InetAddress address)，在指定 InetAddress 对象和端口建立 UDP Socket 对象。

其主要方法有：
- public void send(DatagramPacket p) throws IOException，发送一个数据报；
- public synchronized void receive(DatagramPacket p) throws IOException，接收一个数据报；
- public void close()，关闭当前 UDP 套接字。

在上一章中，介绍了可以利用 Socket 的特性来测试某主机的 TCP 端口开放情况。利用 DatagramSocket 只能测试本地的 UDP 端口的使用情况。

【例 6-1】 探测本地 UDP 端口使用情况。
  1. import java.io.*;
  2. import java.net.*;

```
3.    class exp_6_1{
4.        public static void main(String [] args){
5.            DatagramSocket ds = null;
6.            for(int i=1020; i<1030; i++){   //探测范围可以是 0～65535
7.                try{
8.                    ds = new DatagramSocket(i);   //建立本地的 UDP 端口
9.                    Thread.sleep(1000);
10.                   System.out.println("UDP 端口 " + i + " 空闲");
11.                   ds.close();
12.               }catch(Exception e){
13.                   System.err.println("UDP 端口 " + i + " 已被占用");
14.               }
15.           }
16.       }
17.   }
```

代码说明如下：

① 第 5 行声明一个 DatagramSocket 对象；

② 第 6～15 行循环测试指定的 UDP 端口范围；

③ 第 8 行在指定的 UDP 端口建立一个 UDP 套接字，如果成功则说明该端口空闲，否则说明该端口已被占用。

运行结果如图 6-3 所示。

图 6-3　扫描本地 UDP 端口

DatagramPacket 类是构造一个用于接收或者发送的数据报，采用字节数组的形式存储数据，类定义如图 6-4 所示。

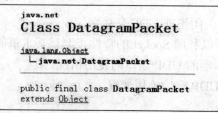

图 6-4　DatagramPacket 类定义

其提供的构造方法：

● public DatagramPacket(byte buf[ ], int length)：该构造方法中包括了用于存储数据的字节数组和可存储的字节数，主要用于接收数据报；

● public DatagramPacket(byte buf[ ], int length, InetAddress address, int port)：该构造方法中包括存储数据的字节数组、可存储的字节数、接收端的地址，以及接收端的端口号，通常被用于发送数据报。

其主要方法：

● public synchronized byte[ ] getData()：从数据报中获得数据；
● public synchronized int getLength()：从数据报中获得数据长度；
● public synchronized void setData(byte[ ] buf)：设置数据报的数据；
● public synchronized void setLength(int length)：设置数据报的长度。

使用 UDP 实现通信，需要分别建立通信的发送端和接收端程序。

【例 6-2】 UDP 接收端程序。

```
1.    import java.io.*;         //引入 IO 类库
2.    import java.net.*;        //引入网络类库
3.    public class exp_6_2    implements Runnable{
4.        DatagramSocket ds = null;      //新建一个 DatagramSocket 实例
5.        DatagramPacket p = null;
6.        InetAddress address = null;
7.        int   port = 0;
8.        byte [] buf = new byte[256];   //开辟接收数据缓冲区，256 b
9.        public exp_6_2 (){
10.           try{
11.               ds = new DatagramSocket(1080);    //开启本地 UDP 1080 端口
12.               System.out.println("本地开启 UDP 1080 端口");
13.           }catch(IOException e){
14.               System.err.println(e.toString());
15.           }
16.       }
17.       public void run(){
18.           try{
19.               p = new DatagramPacket(buf, buf.length);
20.               ds.receive(p);
21.               System.out.println("接收的数据： " + new String(p.getData()));
22.               Thread.sleep(2000);
23.               address = p.getAddress();
24.               port = p.getPort();
25.               System.out.println("请求端 Socket" + address.toString() + ":" + port);
26.               buf = "从 A 端返回信息".getBytes();
```

```
27.            p = new DatagramPacket(buf, buf.length, address, port);
28.            ds.send(p);
29.            ds.close();
30.        }catch(Exception e){
31.            System.err.println();
32.        }
33.    }
34.    public static void main(String args[ ]){
35.        exp_6_2 dr = new exp_6_2 ();
36.        Thread tdr = new Thread(dr);
37.        tdr.start();
38.    }
39. }
```

代码说明如下：

① 第 4 行创建 UDP 套接字对象；
② 第 5 行创建 UDP 数据报对象；
③ 第 6 行创建数据接收方的 InetAddress 对象；
④ 第 7 行定义数据接收方的端口号；
⑤ 第 8 行定义发送和接收缓存字节数组，容量为 256 b；
⑥ 第 9～16 行启动本地的 UDP 1080 端口；
⑦ 第 19 行创建接收数据报对象，绑定接收字节数组长度为 256；
⑧ 第 20 行执行 receive()方法接收数据；
⑨ 第 21 行通过 getData()方法从收到的数据报中提取数据；
⑩ 第 23～25 行提取收到的数据报中的对方 IP 和端口信息；
⑪ 第 26～27 行首先通过 getBytes()方法将字符串转换为字节数组，然后再构造发送数据报，在参数中指明接收方的 IP 和 PORT，这个地址信息从第 23～24 行获得；
⑫ 第 28 行使用 send()将数据报发送出去。

运行结果如图 6-5 所示。

```
本地开启UDP 1080端口
接收的数据：从发送端发送信息


请求端Socket/127.0.0.1:1065
```

图 6-5 接收端运行结果

在接收端首先建立接收缓存，使用定义字节数组，该数组的尺寸通常为 8 的整数倍，例如 256，512，1024，2048 等；将该字节数组带入 DatagramPacket 构造接收数据报；通过 DatagramSocket.receive()接收数据报；利用 DatagramPacket.getData()方法从数据报中提取出字节数组，并且将字节数组作为 String 的参数构造可读的字符串。

从运行结果中，可以得到发送端的 IP 地址是 127.0.0.1，使用的 UDP 端口是 1065，接收的信息是 "从发送端发送信息"。

【例 6-3】 UDP 发送端程序。

```
1.  import java.io.*;              //引入 IO 类库
2.  import java.net.*;             //引入网络类库
3.  public class DatagramSender implements Runnable{
4.      DatagramSocket ds = null;//新建一个 DatagramSocket 实例
5.      DatagramPacket p = null;
6.      InetAddress address = null;
7.      int   port = 0;
8.      byte [] buf = new byte[256];   //开辟发送数据缓冲区，256 b
9.      public DatagramSender(){
10.         try{
11.             ds = new DatagramSocket(1065);    //开启本地 UDP 1065 端口
12.             System.out.println("本地开启 UDP 1065 端口");
13.         }catch(IOException e){
14.             System.err.println(e.toString());
15.         }
16.     }
17.     public void run(){
18.         try{
19.             address = InetAddress.getByName("localhost");   // 给出接收端地址
20.             port = 1080;                                    // 接收端口号
21.             buf = "从 B 端发送单播信息".getBytes();           // 构造待发送的数据报
22.             p = new DatagramPacket(buf, buf.length, address, port);
23.             ds.send(p);
24.             Thread.sleep(2000);
25.             p = new DatagramPacket(buf, buf.length);        // 接收数据报
26.             ds.receive(p);                                  // 接收数据
27.             System.out.println("接收的数据：" + new String(p.getData()));
28.             address = p.getAddress();
29.             port = p.getPort();
30.             System.out.println("请求端 Socket" + address.toString() + ":" + port);
31.             ds.close();                                     // 关闭连接
32.         }catch(Exception e){
33.             System.err.println(e.toString());
34.         }
35.     }
36.     public static void main(String args[ ]) throws IOException{
```

```
37.     DatagramSender ds = new DatagramSender ();
38.     Thread tds = new Thread(ds);
39.     tds.start();
40.   }
41. }
```

代码注释如下：

① 第 11 行本地开启 UDP 1065 端口；

② 第 19～23 行构造发送数据报，并通过 send()发送该数据报；

③ 第 25～26 行构造接收数据报，并通过 receive()接收数据报。

运行结果如图 6-6 所示。

```
本地开启UDP任意空闲端口
接收的数据：从接收端返回确认
请求端Socket/127.0.0.1:1080

Process completed.
```

图 6-6　发送端运行结果

在发送端首先构造发送缓存，采用字节数组，该数组尺寸同接收缓存；如果要发送字符串信息，需要使用 String.getBytes()将待发送的字符串转化为字节数组；将字节数组作为 DatagramPacket 对象的参数构造发送数据报；通过 DatagramSocket.send()方法将数据报发送出去。

从运行结果中，可以得到接收端的 IP 地址是 127.0.0.1，使用的 UDP 端口是 1080，发送端得到的信息是"从接收端返回确认"。

当一个客户端同时接收和发送信息时，要注意发送和接收缓冲一定要区分开，并且在每次接收或者发送之前，要清除原有内容，否则会残留不必要的信息。

6.2.2　TCP Socket 与 UDP Socket 的区别

TCP 和 UDP 两种传输协议都在网络世界中发挥重要的作用。应用层进程根据不同网络通信的环境和特点，实际网络通信软件设计需要在 UDP 和 TCP 两种协议之间权衡。在 Java 中进行编程时，有以下区别：

1. 消息传递的形式

TCP 是面向连接的服务，只能实现点到点的传递。

UDP 可以实现单播、广播和多播。在实现广播时，数据报目的地址为指定网络中最大的 IP 地址，例如 202.117.128.255，具体由网络规划情况而定。在实现多播时，数据报目的地址为 D 类地址。

2. 所使用的 Socket

在 TCP 传输模式下，使用 ServerSocket 用于监听指定端口，保证实现 TCP 的三次握手；使用 Socket 建立通信的通道。

在 UDP 传输模式下，使用 DatagramSocket 直接实现传输消息的包。

3. Socket 定义的位置不同

在 TCP 模式下，由于存在三次握手、传输、关闭等多个阶段，所以 Socket 定义应该为类的属性，便于在所有的方式中进行操作。

在 UDP 模式下，是尽最大可能交付，并不需要事先建立连接，属于单传输阶段的形式，所以在发送数据通信的类中进行定义即可，表现为在响应发送按钮事件处理和接收数据的事件处理方法中的局部变量。

4. 是否存在监听及方式

在 TCP 模式下，存在三次握手机制，利用 ServerSocket 持续监听指定端口是否有连接请求到达。

在 UDP 模式下，直接从指定端口发送或接收数据。

5. 输入/输出流的定义

在 TCP 模式下，由于属于管道类型的流操作，所以利用 Socket.getInputStream()和 Socket.getOutputStream()，分别从指定的 Socket 上获得输入和输出流。

在 UDP 模式下，按数据报文的形式进行数据通信，不存在输入/输出流。

6. 发送数据的方式

在 TCP 模式下，首先定义输出流，在该输出流的基础上直接发送字符串：

```
DataOutputSrteam os = new DataOutputStream (Socket.getOutputStream());
os.writeUTF("Hello!");
os.flush();
```

在 UDP 模式下，创建待发送的数据包二进制数组，打包为 UDP 数据包，通过 send 发送指定数据包：

```
buf = "Hello".getBytes();
p = new DatagramPacket(buf, buf.length, address, 1080);
socket.send(p);
```

7. 接收数据的方式

在 TCP 模式下，首先生成输入流，然后按行的方式进行读取：

```
DataInputStream in = new DataInputStream(clientSocket.getInputStream());
inputLine = in.readUTF ()
```

在 UDP 模式下，首先生成接收数据的 UDP 缓存数组，然后利用 receive 方法，接收数据到指定的缓存中：

```
p = new DatagramPacket(buf, buf.length);
socket.receive(p);
```

通常，TCP 协议被用于有传输可靠性要求的应用，UDP 被广泛用于局域网传输和传输数据实时性要求高的应用中。

6.3 IP 广播

UDP 允许对指定的网络区段发送广播消息。途径是通过将数据报发送到该网络广播地址上实现。广播地址的计算与主机上网卡配置的 IP 地址和网络掩码有关，如使用 ifconfig.exe 显示目标计算机的网卡 IP 配置信息如图 6-7 所示。

```
IP Address. . . . . . . . . . . . . : 115.155.24.24
Subnet Mask . . . . . . . . . . . . : 255.255.255.0
Default Gateway . . . . . . . . . . : 115.155.24.254
DHCP Server . . . . . . . . . . . . : 172.50.255.1
DNS Servers . . . . . . . . . . . . : 218.30.19.40
```

图 6-7　网卡配置信息

从图 6-7 中得到主机的 IP 地址是 115.155.24.24，其子网掩码是 255.255.255.0，默认的出口网关是 115.155.24.254。

对于常规的 A、B、C 三类 IP 分类方法，获得广播地址很容易。一个 IP 地址包括网络号和主机号两个部分，共 24 位。当主机号部分全为"0"时表示该主机所处的网络地址，当主机号部分全为"1"时表示为指定网络的广播地址。通过 IP 地址与网络掩码进行按位与运算，可以得到该主机所处网络号为：115.155.24.0，则广播地址为 115.155.24.255，如图 6-8 所示。

```
  01110011. 10011101. 00011000. 00011000
& 11111111. 11111111. 11111111. 00000000
-----------------------------------------
  01110011. 10011101. 00011000. 00000000
```

图 6-8　IP 地址与子网掩码按位与运算得到网络号

当网络管理员在局域网中划分了子网时，则在 A、B、C 分类的基础上，将主机位数再次划分为子网号和主机号两个部分。例如：IP 地址是 115.155.24.24，而子网掩码是 255.255.255.192，即 IP 地址中第四段的最高两位被用于标识子网。这时该 IP 地址所处的网络号为 115.155.24.0，但是广播地址是 115.155.24.63。

如果在 IP 地址分配时采用了 CIDR 的分配方法，则网络号和广播地址的计算都需要注意。例如 IP 地址是 115.155.24.24/28，标识一共使用了 28 位作为网络号，而剩余的 4 位作为主机号，则该主机所处的网络号为 115.155.24.16，广播地址是 115.155.24.31。

【例 6-4】 使用 UDP 向一个广播地址发送数据。该例与例 6-3 的唯一差别在于所使用的目标地址为网络地址，而例 6-3 中的目标地址为主机地址。

1.　import java.io.*;　　//引入 IO 类库
2.　import java.net.*;　　//引入网络类库
3.　public class DatagramSender implements Runnable{

第 6 章　UDP Socket

```
4.     DatagramSocket ds = null;//新建一个 DatagramSocket 实例
5.     DatagramPacket p = null;
6.     InetAddress address = null;
7.     int   port = 0;
8.     byte [] buf = new byte[256];      //开辟发送数据缓冲区，256 b
9.     public DatagramSender(){
10.      try{
11.        ds = new DatagramSocket(1065);        //开启本地 UDP 1065 端口
12.        System.out.println("本地开启 UDP 1065 端口");
13.      }catch(IOException e){
14.        System.err.println(e.toString());
15.      }
16.    }
17.    public void run(){
18.      try{
19.        address = InetAddress.getByName("115.155.24.255");   // 给出广播地址
20.        port = 1080;                                          // 接收端口号
21.        while(true){
22.          buf = "从 B 端发送广播信息".getBytes();              // 构造待发送的数据报
23.          p = new DatagramPacket(buf, buf.length, address, port);
24.          ds.send(p);
25.          Thread.sleep(1000);                     // 每隔 1 秒发送 1 次广播信息
26.        }
27.      }catch(Exception e){
28.        ds.close();
29.        System.err.println(e.toString());
30.      }
31.    }
32.    public static void main(String args[ ]) throws IOException{
33.      DatagramSender ds = new DatagramSender ();
34.      Thread tds = new Thread(ds);
35.      tds.start();
36.    }
37.  }
```

代码注释如下：第 19 行构造目标计算机所在的网络地址(115.155.24.255)的 InetAddress 对象。

这时接收客户端就可以同时接收单播信息和本网络中的广播信息，如图 6-9 所示。

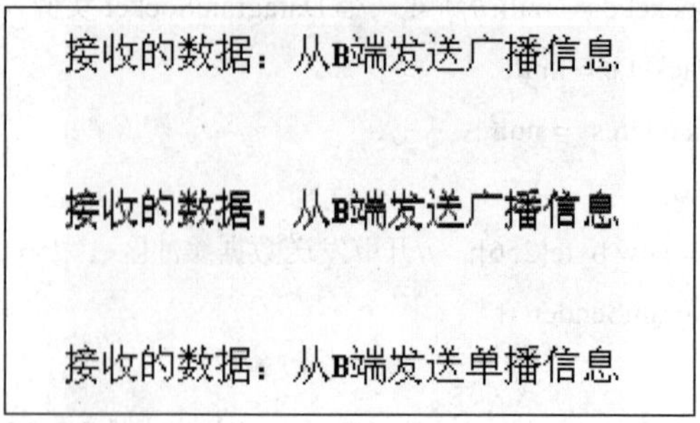

```
接收的数据：从B端发送广播信息

接收的数据：从B端发送广播信息

接收的数据：从B端发送单播信息
```

图 6-9　接收端同时接收单播和广播信息

通用的广播地址是 255.255.255.255。在选择广播地址时，首先要根据所提供的子网掩码判断该 IP 地址是采用哪一种的 IP 划分方式，否则就可能计算广播地址错误，导致将数据报发送给了错误的网络。

6.4　IP 组 播

6.4.1　组播的概念

TCP 协议属于面向连接的点到点通信，在服务器同时连接多个客户端时，需要采用消息循环发送的形式，不仅增加了消息的延迟，而且还浪费了网络带宽。而采用 UDP 协议不仅可以实现消息的单播和广播，还可以实现消息的组播。

IP 组播(IP multicasting)技术，也称多址广播或多播，是一种允许一台或多台主机作为多播源，发送单一数据包到多台主机的 TCP/IP 网络技术。多播作为一点对多点的通信，是节省网络带宽的有效方法之一。IP 组播是对硬件组播的抽象，是对标准 IP 网络层协议的扩展。它通过使用特定的 IP 组播地址，按照最大投递的原则，将 IP 数据报传输到一个组播群组(Multicast Group)的主机集合。在网络音频/视频广播的应用中，当需要将一个节点的信号传送到多个节点时，无论是采用重复点对点通信方式，还是采用广播方式，都会严重浪费网络带宽，只有多播才是最好的选择。多播能使一个或多个多播源只把数据包发送给特定的多播组，而只有加入该多播组的主机才能接收到数据包。目前，IP 多播技术被广泛应用在网络音频/视频广播、音频点播/视频点播(Audio On Demand/Video On Demand，AOD/VOD)、网络视频会议、多媒体远程教育、"PUSH"技术(如股票行情等)和虚拟现实游戏等方面。

要实现 IP 多播通信，要求介于多播源和接收者之间的路由器、集线器、交换机以及主机均需支持 IP 多播。目前，IP 多播技术已得到硬件、软件厂商的广泛支持。

(1) 要求主机支持 IP 多播通信的平台包括 Windows 95 以后的版本、Linux/Unix、Mactoshi 等操作系统，运行这些操作系统的主机都可以进行 IP 多播通信。此外，新生产的网卡也几乎都提供了对 IP 多播的支持。

(2) 目前大多数集线器、交换机只是简单地把多播数据当成广播来发送接收，但一些中高档交换机提供了对 IP 多播的支持。例如，在 3COM SuperStack 3 Swith 3300 交换机上可启用 802.1p 或 IGMP 多播过滤功能，只为已侦测到 IGMP 数据报的端口转发多播数据报。

(3) 多播通信要求多播源节点和目的节点之间的所有路由器必须提供对 Internet 组管理协议(Internet Group Management Protocol，IGMP)、多播路由协议(如 PIM，DVMRP 等)的支持。

由于得到硬件的支持，加入到一个多播组的主机，可以处于同一个局域网中，也可以是城域网或者广域网中支持相同体系结构的任一台主机。使用同一个 IP 多播地址接收多播数据报的所有主机构成了一个主机组，称为多播组，如图 6-10 所示。

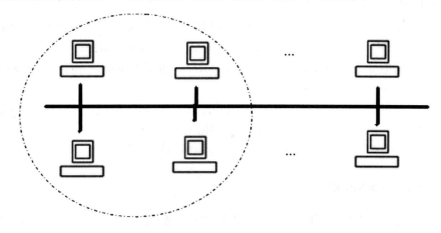

图 6-10　多播组

当一台主机欲加入某个多播组时，会发出"主机成员报告"的 IGMP 消息通知多播路由器。当多播路由器接收到发给那个多播组的数据时，便会将其转发给所有的多播主机。多播路由器还会周期性地发出"主机成员查询"的 IGMP 消息，向子网查询多播主机，若发现某个多播组已没有任何成员，则停止转发该多播组的数据。此外，当支持 IGMP v2 的主机退出某个多播组时，还会向路由器发送一条"离开组"的 IGMP 消息，以通知路由器停止转发该多播组的数据。但只有当子网上所有主机都退出某个多播组时，路由器才会停止向该子网转发该多播组的数据。

一个多播组的成员是随时变动的，一台主机可以随时加入或离开多播组，多播组成员的数目和所在的地理位置也不受限制，一台主机也可以属于几个多播组。此外，不属于某一个多播组的主机也可以向该多播组发送数据报。

6.4.2　组播地址

IPv4 地址可划分为 A、B、C、D、E 和一些特殊的地址，如第 4 章表 4-1 所示。

现在由于计算机数量急剧增加，IPv4 地址已经不够分配，所以逐渐放弃了 IP 地址的 A、B、C 分类法，采用划分子网和超网方式分配 IP 地址，但是 D 类地址保留了下来。

IP 多播通信必须依赖于 IP 多播地址，在 IPv4 中它是一个 D 类 IP 地址。D 类 IP 地址第一个字节以"1110"开始，范围从 224.0.0.0～239.255.255.255。它是一个专门保留的地址，它并不指向特定的网络，代表网络中一台虚拟的主机。D 类 IP 地址的组成如图 6-11 所示。

图 6-11 D 类 IP 地址

D 类 IP 地址并不是随意被使用的，这个地址范围被划分为局部链接多播地址、预留多播地址和管理权限多播地址三类，如下：

- 局部链接多播地址范围在 224.0.0.0～224.0.0.255，这是为路由协议和其他用途保留的地址，路由器并不转发属于此范围的 IP 包，多用于在 LAN 中组播；
- 预留多播地址为 224.0.1.0～238.255.255.255，可用于全球范围(如 Internet)或网络协议；
- 管理权限多播地址为 239.0.0.0～239.255.255.255，可供组织内部使用，类似于私有 IP 地址，不能用于 Internet，可用于限制多播范围。

注意在设计程序时，要根据应用范围需要合理地选择多播地址。

6.4.3 MulticastSocket 类

在 Java 语言中，采用 MulticastSocket 类来实现组播套接字，其类定义如图 6-12 所示。

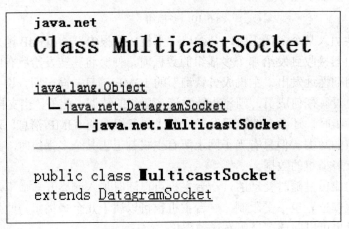

图 6-12 MulticastSocket 类定义

其构造方法：

- public MulticastSocket() throws IOException：声明一个空的对象。
- public MulticastSocket(int port) throws IOException：启动本地指定 UDP 端口。

其主要方法：

- public void joinGroup(InetAddress multicastAddress) throws IOException：加入某个多播组；
- public void leaveGroup(InetAddress multicastAddress) throws IOException：离开某个多播组；

● public synchronized void send(DatagramPacket p) throws IOException：向加入的多播组发送数据；

● public synchronized void receive(DatagramPacket p) throws IOException：从加入的多播组接收数据。

在下面的组播通信实例中，发送消息和接收数据的客户端都加入到组播组中，程序需要在例 6-2 和例 6-3 的基础上进行修改。

【例 6-5】 加入到组播组的发送端代码。

```
1.   import java.io.*;              //引入 IO 类库
2.   import java.net.*;             //引入网络类库
3.   class DatagramSender implements Runnable{
4.       String GROUP_IP = "224.0.0.1";
5.       int port = 1080;
6.       MulticastSocket ms = null;
7.       DatagramPacket p = null;
8.       InetAddress address = null;
9.       byte [] buf = new byte[256];   //开辟数据缓冲区，256 b 用于接收和发送数据
10.      public DatagramSender(){
11.          try{
12.              ms = new MulticastSocket(port);      //开启本地的 UDP 端口
13.              InetAddress group = InetAddress.getByName(GROUP_IP);
14.              ms.joinGroup(group);                 //加入组播组
15.          }catch(IOException e){
16.              System.err.println(e.toString());
17.          }
18.      }
19.      public void run(){
20.          try{
21.              int i=1;
22.              address = InetAddress.getByName(GROUP_IP);   //给出接收方地址
23.              while(true)
24.                  buf = ("第"+i+"次从发送端送出到组播组的信息").getBytes();
25.                  p = new DatagramPacket(buf, buf.length, address, port);
26.                  ms.send(p);
27.                  Thread.sleep(2000);
28.                  i++;
29.              }
30.              ms.close();                          // 关闭连接
31.          }catch(Exception e){
32.              System.err.println(e.toString());
```

```
33.    }
34.  }
35.  public static void main(String args[ ]) throws IOException{
36.    DatagramSender ds = new DatagramSender ();
37.    Thread tds = new Thread(ds);
38.    tds.start();
39.  }
40. }
```

代码注释如下：

① 第 4 行设置组播地址为 224.0.0.1，该组播地址仅能在局域网中使用，路由器不转发该地址组播数据，限制了数据传播的范围；

② 第 6 行声明一个 MulticastSocket 对象；

③ 第 12 行在指定端口启动一个 UDP 端口组播套接字；

④ 第 13 行创建组播地址的 InetAddress 对象；

⑤ 第 14 行将本地创建的组播套接字加入到组播组中；

⑥ 第 23～29 行实现循环向组播组发送数据，值得注意的是即使发送端不属于组播组也可以向任意组播组发送数据。

【例 6-6】 接收程序。首先需要加入到组播组中，然后才能接收组播数据。

```
1.  import java.io.*;           //引入 IO 类库
2.  import java.net.*;          //引入网络类库
3.  public class DatagramReceiver implements Runnable{
4.    String GROUP_IP = "224.0.0.1";
5.    int port = 1080;
6.    MulticastSocket multicastSocket = null;
7.    DatagramPacket p = null;
8.    byte [] buf = new byte[256];   //开辟数据缓冲区，256 b 用于接收和发送数据
9.    public DatagramReceiver (){
10.     try{
11.       multicastSocket = new MulticastSocket(port);
12.       InetAddress group = InetAddress.getByName(GROUP_IP);
13.       multicastSocket.joinGroup(group);     //加入组播组
14.     }catch(Exception e){
15.       System.err.println(e.toString());
16.     }
17.   }
18.   public void run(){
19.     try{
20.       System.out.println("Receieve start.......");
21.       p = new DatagramPacket(buf, buf.length);
```

```
22.        while (true) {
23.           multicastSocket.receive(p);
24.           System.out.println(new String(buf) + p.getAddress());
25.        }
26.      }catch(Exception e){
27.        System.err.println(e.toString());
28.      }
29.   }
30.   public static void main(String args[ ]) throws IOException{
31.      DatagramReceiver ds = new DatagramReceiver ();
32.      Thread tds = new Thread(ds);
33.      tds.start();
34.   }
35. }
```

代码注释如下：

① 第 4～6 行声明组播地址、组播端口和组播套接字；

② 第 10～16 行加入到组播组，只有参加组播组，接收方才能收到数据；

③ 第 19～28 行从组播组中接收数据。

运行结果如图 6-13 所示。

图 6-13　接收端显示信息

如果当前的网络接入设备未能正确设置，例如，没有设置合法的 IP 地址，使用组播通信时，在发送端可能出现如图 6-14 所示的错误。

```
java.net.NoRouteToHostException: No route to host: Datagram send failed
    at java.net.PlainDatagramSocketImpl.send(Native Method)
    at java.net.DatagramSocket.send(DatagramSocket.java:612)
    at DatagramSender.run(DatagramSender.java:27)
    at java.lang.Thread.run(Thread.java:619)
```

图 6-14　发送端出现的错误

在接收端可能出现如图 6-15 所示的错误。

```
java.net.SocketException: error setting options
    at java.net.PlainDatagramSocketImpl.join(Native Method)
    at java.net.PlainDatagramSocketImpl.join(PlainDatagramSocketImpl.java:172)
    at java.net.MulticastSocket.joinGroup(MulticastSocket.java:276)
    at DatagramReceiver.run(DatagramReceiver.java:18)
    at java.lang.Thread.run(Thread.java:619)
```

图 6-15　接收端出现的错误

实际上，在组播通信中，接收数据必须在组播组中，而发送者可以不在组中，却能直接向组播组发送数据。组播组中接收者不仅可以从组中接收数据，也可以同时接收单播数据和广播数据。

假设接收方 IP 地址为 192.168.0.1，并加入到组播组 224.0.0.1 中。由发送方分别向接收方 IP、组播地址 224.0.0.1 和广播地址 192.168.0.255 发送数据。按如下修改：

```
address = InetAddress.getByName("192.168.1.100");        //单播地址
port = 1080;
buf = "第"+i+"次从发送端送出的 单播 信息".getBytes();      //待发送的单播数据
p = new DatagramPacket(buf, buf.length(), address, port);
ds.send(p);
Thread.sleep(2000);


address = InetAddress.getByAddress("224.0.0.1");          //组播地址
port = 1080;
buf = "第"+i+"次从发送端送出的 组播 信息".getBytes();       //待发送的组播数据
p = new DatagramPacket(buf, buf.length(), address, port);
ds.send(p);
Thread.sleep(2000);


address = InetAddress.getByAddress("192.168.1.255");      //广播地址
port = 1080;
buf = "第"+i+"次从发送端送出的 广播 信息".getBytes();       //待发送的广播数据
p = new DatagramPacket(buf, buf.length(), address, port);
ds.send(p);
Thread.sleep(2000);
```

注意在以上三个代码段的第 1 行，在创建信息接收目标主机的 InetAddress 对象时，使用了不同的 IP 地址，而接收端仍然使用例 6-6，运行结果如图 6-16 所示。

```
开始接受数据......
第1次从发送端送出的 单播 信息/192.168.1.100
第2次从发送端送出的 单播 信息/192.168.1.100
第1次从发送端送出的 组播 信息/192.168.1.100
第2次从发送端送出的 组播 信息/192.168.1.100
第1次从发送端送出的 广播 信息/192.168.1.100
第3次从发送端送出的 组播 信息/192.168.1.100
第2次从发送端送出的 广播 信息/192.168.1.100
```

图 6-16　一个接收端同时接收单播、组播和广播信息

习 题 6

1．UDP 的英文全称是什么？它在 TCP/IP 体系结构中的作用是什么？
2．单播、广播和组播的优缺点各是什么？
3．DatagramSocket 和 DatagramPacket 的作用是什么？
4．如何利用 DatagramSocket 扫描本地 UDP 的端口？
5．DatagramPacket 有哪些构造方法？分别应用在什么情景？
6．在 Java 中，基于 TCP 与 UDP 编程有什么区别？
7．IPv4 中组播地址段是什么？该地址段如何进行分配？
8．在 Java 中，如何实现组播通信？如何使 UDP 客户端同时接收单播、广播和组播数据？
9．参考第 5 章例 5-9 为 UDP 的客户端设立数据发送线程和接收线程。

第7章 对象序列化

对象的序列化是一个重要概念,是网络编程的必备知识。序列化的作用是将对象转换为流的形式,用于存储在磁盘上或通过网络进行传输。其逆过程称为反序列化,用于从数据流中还原出对象。

7.1 对象序列化

7.1.1 序列化的概念

计算机软件的主要工作是处理数据。在处理数据时,经常会遇到需要处理一组相关的数据,例如,要保存这样一条聊天信息"张三:李四:你好",这条信息中包括三个内容,即发信者、接收者和聊天内容,通常需要使用三个变量进行存储。在 C 语言中使用结构体实现储存一组相关的数据,如例 7-1 所示。

【例 7-1】 使用结构体存储数据。

```
Struct Message{
    char sender[10];
    char receiver[10];
    char content[30];
}msg[20];
```

【例 7-2】 利用结构体存储一组数据,并保存在文件中或者从文件中读取。

```
File fp =File();
//存储的方法
for(i=0;i<20;i++)
    fwrite(&msg[i], sizeof(Struct Message), 1, fp);
//读取的方法
for(i=0;i<20;i++)
    fread(&msg[i], sizeof(Struct Message), 1, fp);
```

Java 语言中,取消了结构体,除了基本数据类型都是对象。如果要存储一组相关的数据,就必须采用自定义相关类。

【例 7-3】 使用 Java 定义存储消息的类。

1. class Message{

```
2.      String sender;
3.      String receiver;
4.      String content;
5.      public Message(String sender,String receiver, String content){
6.          this.sender = sender;
7.          this.receiver = receiver;
8.          this.content = content;
9.      }
10. }
```

对比两种语言对聊天消息的描述方法，其主要区别在于，基于面向对象的 Java 语言描述方式不仅包含成员变量，而且包括了成员方法，从而实现了信息的封装。

在 Java 语言中，处理数据均采用流的方式，其最大的特点就是数据的输入和输出都按顺序进行。Java 语言是面向对象的语言，除了字符串对象可以通过 writeUTF()和 readUTF()直接操作外，其他对象不能直接存储和通过网络发送。当需要对使用例 7-3 的类所定义的实例对象进行存储或者发送时，就应该将该对象进行序列化操作，使其转变为流形式，然后才能实现存储和通过网络发送。

序列化是一种用来处理对象流的机制，对象流是将对象内容进行流化，然后将经过流化后的对象用于读/写操作和网络传输。发送端将对象序列化为流，接收端反序列化从数据流重新构造对象，保证了对象的完整性和可传递性。即，序列化过程是将对象写入字节流，反序列化的过程是从字节流中读取对象。将对象状态转换成字节流之后，可以采用 java.io 包中的各种字节流类将其保存到文件中，或者通过管道在线程之间传输，或者通过网络连接将对象数据发送到另一主机。

序列化在网络程序设计(如 Socket、RMI(Remote Method Invocation)、JMS(Java Message Service)、EJB(Enterprise Java Bean))中有广泛的应用。

7.1.2 序列化的实现

对象序列化是将携带信息的对象转换为可以用于存储或传输形式的过程。在序列化期间，对象将其当前状态写入到临时或持久性存储区，然后，可以通过从存储区中读取或反序列化对象的状态，重新创建该对象。序列化分为两大部分：序列化和反序列化，即对象序列化不仅要将对象转换成字节表示，有时还要恢复对象。

序列化是这个过程的第一部分，将对象数据分解成字节流，以便存储在文件中或在网络上传输。反序列化就是打开字节流，按照被恢复数据的对象实例重构对象。这两个过程结合起来，就可以轻松地存储和传输对象数据。

序列化的目的：
- 以某种存储形式使自定义对象持久化；
- 将对象从一个地方传递到另一个地方；
- 使程序更具维护性。

Java 序列化是基于 TCP 协议的，实现比较简单，通常不需要编写保存和恢复对象状态的定制代码。但是要求被序列化的类实现了 java.io.Serializable 接口的，即可以转换成字节流或从字节流恢复，不需要在类中增加额外任何代码。Serializable 接口定义如图 7-1 所示。

```
java.io
Interface Serializable
public interface Serializable
```

图 7-1　Serializable 接口定义

在 Serinalizable 接口中未提供任何方法，即不存在需要被覆盖的方法。通过 implements 实现 Serializable 接口的目的仅用于标识该对象是可被序列化的。

在 Java 语言中并不是任何个类都可被序列化。通常将用于存储信息的类进行序列化，因为这些类所定义的对象是用于存储和传输的，例如学生信息类、消息信息类。而用于执行指令和操作的类是不用于序列化的，例如将学生信息储存和读取类、消息的发送和接收类。尤其要注意，涉及线程的类和与特定 JVM 有非常复杂关系的类，都不能进行序列化操作。

在执行对象序列化时应遵从以下原则：
- 基本数据类型都可以和对象一起被序列化；
- 被 transient 关键字标识的基本类型不能被存储；
- 被 transient 关键字标识的对象不能被存储；
- 没有被 transient 关键字标识的对象必须实现 java.io.Serializable 接口；
- 当对象用于储存或传输时，既没有被 transient 关键字标识，也没有实现 java.io.Serializable 接口，JVM 将抛出 java.io.NotSeriableException 异常。

序列化使其他代码可以查看或修改那些不序列化便无法访问的对象实例数据。确切地说，代码执行序列化需要特殊的权限，即指定了 SerializationFormatter 标志的 Security Permission。在默认策略下，通过 Internet 下载的代码或 Intranet 代码不会授予该权限；只有本地计算机上的代码才被授予该权限。

通常，实现 Serializable 接口的类所声明的对象实例中所有字段都会被序列化，这意味着数据会被表示为实例的序列化数据。这样能够解释该格式的代码有可能能够确定这些数据的值，而不依赖于该成员的可访问性。类似地，反序列化从序列化的表示形式中提取数据，并直接设置对象状态，这也与可访问性规则无关。

7.1.3　ObjectInputStream 与 ObjectOutputStream

为了将存储于对象中的数据保存在磁盘文件或通过网络发送等，需要使用基于对象的输入/输出流。java.io 包提供两个类用于序列化对象传输，分别是对象输入类 ObjectInputStream 与对象输出流类 ObjectOutputStream。

ObjectInputStream 用于从底层输入流中读取对象类型的数据，ObjectOutputStream 用于将对象类型的数据写入到底层输入流。ObjectInputStream 与 ObjectOutputStream 类所读/写的对象必须实现了 Serializable 接口。对象中被 transient 和 static 修饰的成员变量不会被读取和写入。

- ObjectInputStream 从字节流重构对象，实现反序列化过程。反序列化时，JVM 用头信息生成对象实例，然后将对象字节流中的数据复制到对象数据成员中。
- ObjectOutputStream 负责将对象写入字节流，实现序列化过程，该序列化过程与字节流连接，包括对象类型和版本信息。

当需要将数据存储在本地磁盘时，在 Java 中需要使用 ObjectOutputStream 类，该类扩展 DataOutput 接口，用文件输入类(FileOutputStream)作为参数，构造对象输出对象。writeObject()方法是最重要的方法，用于对象序列化。如果对象包含其他对象的引用，则 writeObject()方法递归序列化这些对象。由于 writeObject()可以序列化整组交叉引用的对象，因此，同一 ObjectOutputStream 实例可能不小心被请求序列化同一对象。每个 ObjectOutputStream 维护序列化的对象引用表，防止发送同一对象的多个拷贝。

【例 7-4】 在文件 tmp.dat 中保存两个对象，其中一个是字符串"Today"，另一个是当前的日期。

```
// 序列化 today's date 到一个文件中.
FileOutputStream f = new FileOutputStream("tmp.dat");
ObjectOutputStream s = new ObjectOutputStream(f);
s.writeObject("Today");
s.writeObject(new Date());
s.flush();
```

当需要将数据从本地磁盘读取出时，在 Java 中需要使用 ObjectInputStream 类，该类扩展 DataInput 接口，用文件输入类(FileInputStream)作为参数，构造对象输入对象。readObject()为重要的方法，实现从字节流中反序列化对象。每次调用 readObject()方法都返回流中下一个 Object。对象字节流并不传输类的字节码，而是包括类名及其签名。readObject()收到对象时，JVM 装入头中指定的类。如果找不到这个类，则 readObject() 抛出 ClassNotFoundException。如果需要传输对象数据和字节码，则可以用 RMI 框架。ObjectInputStream 的其余方法用于定制反序列化过程。

【例 7-5】 从文件 tmp 中读取数据对象。

```
//从文件中反序列化 string 对象和 date 对象
FileInputStream in = new FileInputStream("tmp.dat");
ObjectInputStream s = new ObjectInputStream(in);
String today = (String)s.readObject();
Date date = (Date)s.readObject();
```

7.2 序列化操作

7.2.1 序列化存储

通常，实现序列化接口的类是用于存储和传输的类，用于操作的类是不进行序列化的。首先，通过代码学习在 Java 中如何通过序列化实现聊天信息的储存。在下面的例子中定义一个聊天信息类，该类用于存储信息，需要实现 Serializable 接口。并且该类需要在存储和读取时被引用,通常将自定义信息类、存储类和读取类设计在一个包中,否则会出现无法找到类的异常发生。

【例 7-6】 自定义消息类。

```
1.    package message;
2.    import java.io.*;
3.    public class Message implements Serializable{
4.        String sender;
5.        String receiver;
6.        String content;
7.        public Message(String sender, String receiver, String content){
8.            this.sender   = sender;
9.            this.receiver = receiver;
10.           this.content  = content;
11.       }
12.       public void show(){
13.           System.out.println("发信者: " + sender);
14.           System.out.println("收信者: " + receiver);
15.           System.out.println("内容: " + content);
16.       }
17.   }
```

代码注释如下:

① 第 1 行通常为了保证能够顺利地进行序列化和反序列化操作,声明为 Serializable 接口的存储类和实现操作类应在一个 message 包中,以保证访问的路径;

② 第 3 行定义的存储类实现了 Serializable 接口;

③ 第 4~6 行声明了三个成员变量;

④ 第 7~11 行声明了构造方法;

⑤ 第 12~16 行定义了输出方法 show()。

例 7-6 中定义的信息类需要实现 Serializable 接口,所以需要引用 io 类库。在类中的成员变量有三个,分别记录消息的发送者、接收者和内容。成员方法有两个,一个是用于赋初值的构造方法 Message(),另一个是用于输出显示的方法 show()。

接下来,定义将该类进行存储操作的类,即进行序列化操作的类。该类中首先申明了两个需要被存储的信息对象,然后申明文件输出对象,通过 ObjectOutputStream.writeObject() 方法,将信息对象保存到文件中。

【例 7-7】 定义用于存储学生信息的类,执行序列化操作,保存数据至文件。

```
1.    package message;
2.    import java.io.*;
3.    public class MessageSave{
4.        String filename;
5.        public MessageSave(String filename){
```

第 7 章 对象序列化

```
6.         this.filename = filename;
7.     }
8.     void save(){
9.         Message msg1 = new Message("李明", "张华", "How do you do!");
10.        Message msg2 = new Message("张华", "李明", "Fine, Thanks, And you.");
11.        try{
12.            FileOutputStream fos = new FileOutputStream(filename);
13.            ObjectOutputStream oos = new ObjectOutputStream(fos);
14.            oos.writeObject(msg1); //输出对象
15.            oos.writeObject(msg2);
16.            oos.flush();     //将存储缓存中数据保存到磁盘中
17.            oos.close();     //关闭流
18.            fos.close();
19.        }catch(Exception e){
20.            System.err.println(e.toString());
21.        }
22.    }
23.    public static void main(String [] argv) {
24.        MessageSave ms = new MessageSave("msgDB.dat");
25.        ms.save();
26.    }
27. }
```

代码注释如下：
① 第 1 行与实现序列化的存储类在一个 message 包中；
② 第 9~10 行使用 Message 类声明了两个被存储对象；
③ 第 12~13 行声明对象输出流；
④ 第 14~15 行通过 writeOjbect()输出对象，实现序列化操作。

运行该程序，将在当前目录下生成一个新的文件 msgDB.dat，用于存储信息。使用记事本软件打开该文件，可以看到存储的内容，如图 7-2 所示。

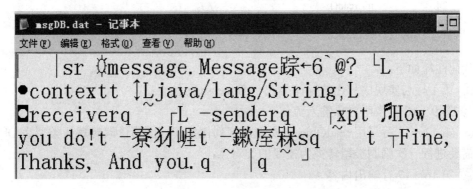

图 7-2 msgDB.dat 文件内容

在该文件中不仅包含了信息，而且还包含了信息类的描述。通过图 7-2 可以看到，虽然存在某些可读的单词，但是完整内容却是不可读的，利用反序列化操作才能读取并恢复该数据。

【例 7-8】 定义用于存储信息的类，执行反序列化操作，从文件中读取数据还原成对象。

1. package message;
2. import java.io.*;
3. public class MessageRead{
4.   String filename;
5.   public MessageRead(String filename){
6.   this.filename = filename;
7.   }
8.   void read(){
9.   FileInputStream fis = new FileInputStream(filename);
10.   ObjectInputStream ois = new ObjectInputStream(fis);
11.   try{
12.   Message msg1 = (Message)ois.readObject();
13.   Message msg2 = (Message)ois.readObject();
14.   ois.close();   //关闭流
15.   fis.close();
16.   msg1.show();   //显示读出的数据
17.   msg2.show();
18.   }catch(Exception e){
19.   System.err.println(e.toString());
20.   }
21.   }
22.   public static void main(String [] argv)throws Exception{
23.   MessageRead mr = new MessageRead("msgDB.dat");
24.   mr.read();
25.   }
26. }

代码注释如下：

① 第 1 行与实现序列化的存储类在一个 message 包中；

② 第 9～10 行声明对象输入流；

③ 第 12～13 行采用 readObject()实现反序列化操作，因为读取时默认类型为 Object，所以需要进行一次强制类型转换为需要的类对象；

④ 第 16～17 行输出内容。

程序运行结果如图 7-3 所示。

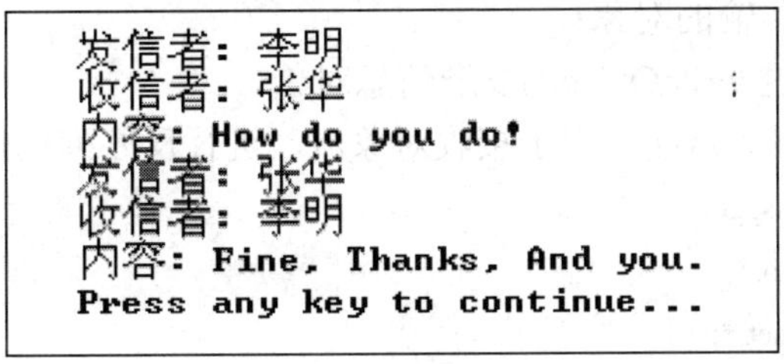

发信者：李明
收信者：张华
内容：How do you do!
发信者：张华
收信者：李明
内容：Fine, Thanks, And you.
Press any key to continue...

图 7-3　反序列化结果

7.2.2　序列化传输

序列化操作不仅可以在本地磁盘保存类数据，也可以将对象用于网络传输。首先，定义一个用于存储消息的消息类，用于记录消息发送者、消息接收者、消息内容，在这里直接利用了例 7-6，注意 Message 类的包信息需要进行相应修改。另外分别编写客户端和服务器端程序。

【例 7-9】　实现客户端，用于序列化对象，发送对象流。

```
1.    package Message;
2.    import java.io.*;
3.    import java.net.*;
4.    public class exp_7_10{
5.        public static void main(String [] argv){
6.            Socket s = null;
7.            ObjectOutputStream oos = null;
8.            try{
9.                s = new Socket("localhost", 8080);
10.               oos = new ObjectOutputStream(s.getOutputStream());
11.               Message obj = new Message("李明", "张华", "How do you do!");
12.               oos.writeObject(obj);
13.               oos.flush();
14.               System.out.println("Message Send Successful");
15.               oos.close();
16.               s.close();
17.           }catch(Exception e){
18.               System.err.println(e.toString());
19.           }
20.       }
21.   }
```

代码注释如下：

① 第 9 行通过 TCP 连接指定的服务器 localhost 的 8080 端口；

② 第 10 行套接字上获得输出流，使其作为对象输出流的参数；

③ 第 11 行准备要传输的对象；
④ 第 12~13 行通过 writeObject()发送信息对象。

【例 7-10】 实现服务器端，用于接收对象流，进行反序列化操作。

```
1.    package Message;
2.    import java.io.*;
3.    import java.net.*;
4.    public class exp_7_11{
5.        public static void main(String [] argv){
6.            ServerSocket ss = null;
7.            Socket s = null;
8.            ObjectInputStream ois = null;
9.            try{
10.               ss = new ServerSocket(8080);
11.               System.out.println("服务启动本地 8080 端口");
12.               s = ss.accept();
13.               ois = new ObjectInputStream(s.getInputStream());
14.               System.out.println("与客户端建立连接"+s.toString());
15.               Message obj = (Message)ois.readObject();
16.               System.out.println(obj.toString());      //注意该语句输出是什么内容
17.               System.out.println(obj.sender + " :" +obj.receiver + " : " + obj.content);
18.               ois.close();
19.               s.close();
20.           }catch(Exception e){
21.               System.err.println(e.toString());
22.           }
23.       }
24.   }
```

代码注释如下：
① 第 10 行启动本地的 TCP 8080 端口，监听客户端的连接请求；
② 第 12 行与客户端实现连接；
③ 第 13 行获得套接字的 getInputStream()，使其作为 ObjectInputStream 的参数；
④ 第 15 行获得对象，并进行反序列化操作，还原为 Message 对象；
⑤ 第 16~17 行输出结果。

服务器端接收序列化及反序列化操作运行结果如图 7-4 所示。

```
启动服务8080端口
与客户端建立连接/127.0.0.1:2196
Message@19821f
李明 :张华 : How do you do!
Press any key to continue...
```

图 7-4 服务器端运行结果

从运行结果可见，服务器收到的信息对象直接输出是不可读的，除非该信息类中覆盖了 Object 中的 toString()方法。

7.3 定制序列化

7.3.1 序列化成员变量

在 Java 中类的成员变量可以是简单数据类型，也可以是复杂数据类型，如字符串类类型、自定义类类型等。当某个类实现了序列化接口时，其未加 transient 和 static 修饰的成员变量一同被序列化。所以，当使用类类型定义成员变量时，要保证这些类是可以被序列化的，即实现了 Serializable 接口。如 String 类的定义中就声明实现了 Serializable 接口，如图 7-5 所示。

图 7-5　String 类的定义

当实现序列化的自定义类的成员变量中还包含了其他的自定义类对象时，就需要该成员变量实现序列化接口。

【例 7-11】 将例 7-6 修改，在成员变量中使用了 Detail 类对象。

1. package message;
2. import java.io.*;
3. public class Message implements Serializable{
4.   String sender;
5.   String receiver;
6.   Details details;　　　　//使用 Details 对象替换原有的 content
7.   public Message(String sender, String receiver, String content, String transTime){
8.   this.sender　　= sender;
9.   this.receiver = receiver;
10.   details = new Details(content, transTime);
11.   }
12.   public void show(){
13.   System.out.println("发信者: " + sender);

```
14.        System.out.println("收信者: " + receiver);
15.        System.out.println("内容: " + details.content);
16.        System.out.println("发送时间: " + details.transTime);
17.    }
18. }
19. //新增类，用于记录消息的内容和发送时间，但未实现 Serializable 接口
20. class Details{
21.    String content;      //消息内容
22.    String transTime;    //发送时间
23.    public Details(String content, String transTime){
24.        this.content = content;
25.        this.transTime = transTime;
26.    }
27. }
```

代码注释如下：

① 第 6 行使用 Detail 类对象作为成员变量；

② 第 20～27 行实现 Detail 类的定义，此时它未实现 Serializable 接口。

可以从以上代码可以看出，新定义了 Details 类，用于存储消息内容和发送时间，但是该类未实现序列化接口。在 Message 类中，采用 Details 类定义了一个 details 对象。在对此类进行编译时，未出现任何错误提示。

【例 7-12】 对例 7-9 的第 10 行稍作修改。

```
1.  import java.io.*;
2.  import java.net.*;
3.  public class exp_7_13{
4.      public static void main(String [] argv){
5.          Socket s = null;
6.          ObjectOutputStream oos = null;
7.          try{
8.              s = new Socket("localhost", 8080);
9.              oos = new ObjectOutputStream(s.getOutputStream());
10.             Message obj = new Message("李明", "张华", "How do you do!", "2012-01-01 12:01:01");
11.             oos.writeObject(obj);
12.             oos.flush();
13.             System.out.println("Message Send Successful");
14.             oos.close();
15.             s.close();
16.         }catch(Exception e){
17.             System.err.println(e.toString());;
```

```
18.         }
19.     }
20. }
```

在运行对象流发送端时将会抛出异常,提示 Details 类未实现 Serializable 接口,如图 7-6 所示。

```
java.io.NotSerializableException: Details
Press any key to continue...
```

图 7-6 异常提示信息

可见一个实现序列化接口中的成员变量如果是类对象,那么该类也必须实现了序列化接口,否则在运行时就会出现无法实现序列化操作的异常提示信息。

7.3.2 定制序列化

对于一个正在运行的类对象来说,存在以下概念:

● 生命周期:从 JVM 提供一个对象所需要的资源,到释放该对象资源为止,就是一个对象的生命周期。

● 短暂存储:对象在内存中构建后,会随着程序的运行和结束而改变和结束,这就是短暂存储。在 Java 语言中,序列化过程中,使用 transient 关键字表示属性或对象是短暂的。

● 永久存储:对象被保存在永久设备中,这些永久设备包括文件、磁盘、数据库等,该对象数据不会随程序结束而消失。对象序列化是对象永久化的一种机制。

序列化通常可以自动完成,但有时可能要对这个过程进行控制。对于任何可能包含重要的安全性数据的对象,应该使该对象不可序列化。如果它必须为可序列化的,也需要指定特定字段来保存不可序列化的重要数据。如果无法实现这一点,则应注意该数据会被公开给任何拥有序列化权限的代码,并确保不让任何恶意代码获得该权限。

Java 在对类实现 serializable 接口时,可通过关键字 static 或 transient 为类中的数据成员变量进行定制,以实现保护特殊数据的目的。

将数据成员声明为 transient 后,序列化过程就无法将其加进对象字节流中,也就没有从 transient 数据成员发送的数据。后面数据反序列化时,要重建数据成员(因为它是类定义的一部分),但不包含任何数据,因为这个数据成员不向流中写入任何数据。

【例 7-13】 将例 7-6 中成员变量中的消息内容使用 transient 修饰。

```
1.  package message;
2.  import java.io.*;
3.  public class Message implements Serializable{
4.      String sender;
5.      String receiver;
6.      transient String content;      //采用了 transient 修饰
7.      public Message(String sender, String receiver, String content){
8.          this.sender   = sender;
9.          this.receiver = receiver;
```

```
10.            this.content  = content;
11.        }
12.    public void show(){
13.        System.out.println("发信者: " + sender);
14.        System.out.println("收信者: " + receiver);
15.        System.out.println("内容: " + content);
16.    }
17. }
```

在本例的基础上运行例 7-7 结果如图 7-7 所示。

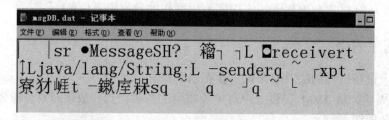

图 7-7 保存结果

运行例 7-8，结果如图 7-8 所示。

图 7-8 读取结果

通过与图 7-2 和图 7-3 对比可以发现区别，在消息内容字段无法保存实际的数值，所以在显示时表示为 null，如果该字段为数值类型，则表示为 0。

【例 7-14】 修改用于存储消息的类(见例 7-3)，为消息内容添加 transient 的修饰。

```
    public class Message implements Serialables{
        String sender;
        String receiver;
        transient String content;           //采用了 transient 修饰
        Public Message(String sender, String receiver, String content){
            This. sender = sender;
            This. receiver = receiver;
            This.content = content;
        }
```

执行客户端例 7-9 和服务器端例 7-10，结果如图 7-9 所示。

图 7-9　服务器端运行结果

从运行结果中可以看到,由于消息类中内容(content)属性被 transient 修饰,所以该消息内容仅存于客户端,服务器端是无法接收消息内容的,而使用了"null"作为替代。

需要注意,由于对象流存在被 static 或 transient 所修饰,而不能被序列化的成员变量,当类使用 writeObject()与 readObject()方法处理这些成员变量时,还要注意按写入的顺序读取这些数据成员,否则会引起整体数据的混乱。

习 题 7

1．什么是对象序列化?对象序列化的作用是什么?
2．什么是反序列化操作?
3．说明 Serialable 接口的作用。
4．在 Java 语言中,进行序列化输出流和反序列化输入流的类和主要方法分别是什么?
5．什么是短暂存储和永久存储?transient 的作用是什么?
6．设计用于个人信息的类,包含登录名、登录密码、性别、登录时间、登录 IP 地址等信息,并实现 Serialables 接口,用于存储在本地或者通过网络发送;再使用 transient 或者 static 修饰其中某些属性,再次存储或者发送,观察结果。

第 8 章 传输安全

随着互联网的发展，计算机网络知识和应用迅速普及。由于 TCP/IP 网络体系结构中数据传输的特点，普通的用户都可以轻易地通过各种网络监听软件截获网络中传输的信息，所以对信息网络传输安全的研究尤为重要。保障传输安全的手段就是加密和认证。

Java 体系结构提供了三类主要的安全 API，分别是 Java 加密扩展(Java Cryptography Extension，JCE)、Java 认证和授权服务(Java Authentication and Authorization Service，JAAS)和 Java 安全套接字扩展(Java Secure Socket Extension，JSSE)。本章内容需要结合计算机网络安全的知识，比较复杂，希望大家认真学习。

8.1 Java 加密体系结构

8.1.1 加密与解密的概念

加密是以某种特殊的算法改变原有的信息数据，使得未授权的用户即使获得了已加密的信息，但因不知解密的方法，仍然无法了解信息的内容。所以，将"明文"变为"密文"的过程被称为加密(Encryption)，其逆过程称为解密(Decryption)。

在密码学中，加密是将明文信息隐匿起来，使之在缺少特殊信息时不可读。虽然加密作为通信保密的手段已经存在了几个世纪，但是只有那些对安全要求特别高的组织和个人才会使用它。在 20 世纪 70 年代中期，强加密(Strong Encryption)的使用开始从政府保密机构延伸至公共领域，并且目前已经成为保护许多广泛使用系统的方法，比如因特网电子商务、手机网络和银行自动取款机等。

在古代，加密是由许多办法完成的。在中国较"流行"使用淀粉水在纸上写字，再浸泡在碘水中使字浮现出来。而外国就不同了，最经典的莫过于伯罗奔尼撒战争。公元前 405 年，雅典和斯巴达之间的伯罗奔尼撒战争已进入尾声。斯巴达军队逐渐占据了优势地位，准备对雅典发动最后一击。这时，原来站在斯巴达一边的波斯帝国突然改变态度，停止了对斯巴达的援助，意图是使雅典和斯巴达在持续的战争中两败俱伤，以便从中渔利。在这种情况下，斯巴达急需摸清波斯帝国的具体行动计划，以便采取新的战略方针。正在这时，斯巴达军队捕获了一名从波斯帝国回雅典送信的雅典信使。斯巴达士兵仔细搜查这名信使，可搜查了好大一阵，除了从他身上搜出一条布满杂乱无章的希腊字母的普通腰带外，别无他获。情报究竟藏在什么地方呢？斯巴达军队统帅莱桑德把注意力集中到了那条腰带上，情报一定就在那些杂乱的字母之中。他反复琢磨研究这些天书似的文字，把腰带上的字母用各种方法重新排列组合，怎么也解不出来。最后，莱桑德失去了信心，他一边摆弄着那条腰带，一边思考着弄到情报的其他途径。当他无意中把腰带呈螺旋形缠绕在手中的剑鞘上时，奇迹出现了。原来腰带上那些杂乱无章的字母，竟组成了一段文字。这便是雅典间谍送回的一份情报，它告诉雅典，波斯军队准备在斯巴达军队发起最后攻击时，突然对斯巴达军队进行袭击。斯巴达军队根据这份情报马上改变了作战计划，先以迅雷不及掩耳之势攻击毫无防备的波斯军队，并一举将它击溃，解除了后顾之忧。随后，斯巴达军队回师征伐雅典，终于取得了战争的最后胜利。雅典间谍送回的腰带情报，就是世界上最早的密码情报，具体运用方法是，通信双方首先约定密码解读规则，然后通信一方将腰带(或羊皮等其他东西)缠绕在约定长度和粗细的木棍上书写。收信一方接到后，如不把腰带缠绕在同样长度和粗细的木棍上，就只能看到一些毫无规则的字母。后来，这种密码通信方式在希腊广为流传。现代的密码电报，据说就是受了它的启发而发明的。

加密可以用于保证安全性，但是其他一些技术在保障通信安全方面仍然是必需的，尤其是关于数据完整性和信息验证，例如，信息验证码(MAC)或者数字签名。另一方面的考虑是为了应付流量分析。加密或软件编码隐匿(Code Obfuscation)同时也在软件版权保护中用于对付反向工程、未授权的程序分析、破解和软件盗版及数位内容的数位版权管理(DRM)等。

加密之所以安全，绝非因不知道加密解密算法，而是用于加密的密钥是绝对隐藏的，现在流行的 RSA 和 AES 加密算法都是完全公开的，一方取得已加密的数据，另一方即使知道加密算法，若没有加密的密钥，也不能打开被加密保护的信息。单单隐蔽加密算法以保护信息，在学界和业界已有相当讨论，一般认为是不够安全的。公开的加密算法是供信息安全研究学者长年累月攻击测试，对比隐蔽的加密算法要安全得多。

8.1.2 Java 加密扩展

在 JDK 1.1 中 Java 的安全机制首次被发布，引入了 Java 加密体系结构(Java Crypto Architecture，JCA)，用于访问和开发 Java 平台密码功能的构架。JCA 提供了包括用于数字签名和数据报文摘要(Message Digest，MD)的 API。

在 JDK 1.2 中扩展了 JCA，为了支持 X.509 v3 证书，还对证书管理基础结构进行了升级，并为划分细致、可配置性强、功能灵活、可扩展的访问控制引入了新的 Java 安全体系结构，称为 Java 加密扩展包(Java Crypto Extends，JCE)。JCE 是一组类库包，它提供基于密钥的加密、密钥协商和生成以及消息认证码(Message Authentication Code，MAC)算法的框架和实现，并提供对对称、不对称、块和流密码的加密支持，它还支持安全流和密封的对象。主要有两个类库包，分别是：

- java.security。java.security 及其子类中包含了 Java 中为安全框架提供类和接口，用于帮助开发人员在程序中同时使用低级和高级安全功能。
- javax.crypto。javax.crypto 为 cryptoGraphic(加密)操作提供类和接口。其所定义的操作包括加密、密钥生成和密钥协商，以及消息验证码生成。加密支持包括对称密码、不对称密码、块密码和流密码。它通过 javax.crypto.Cipher 类来实现数据加密和解密。加/解密的对象可以是程序中的数组对象，也可以是 Java 输入和输出流接口操作数据。

下面通过一段采用数据加密标准(Data Encryption Standard,DES)算法编写的加密和解密程序来了解 JCE 的作用。该程序的作用在于将输入的字符串使用 DES 算法加密,并且使用 DES 算法解密还原为原字符串。

【例 8-1】 采用 DES 算法的加/解密程序。

```
1.   import java.io.*;
2.   import java.security.*;
3.   import javax.crypto.*;
4.   public class Encode{
5.       String keyStr;
6.       private Cipher encryptCipher = null;
7.       private Cipher decryptCipher = null;
8.       public Encode(String keyStr) {
9.           this.keyStr = keyStr;
10.          try{
11.              Security.addProvider(new com.sun.crypto.provider.SunJCE());
12.              Key key = getKey(this.keyStr.getBytes());
13.              encryptCipher = Cipher.getInstance("DES ");
14.              encryptCipher.init(Cipher.ENCRYPT_MODE, key);
15.              decryptCipher = Cipher.getInstance("DES ");
16.              decryptCipher.init(Cipher.DECRYPT_MODE, key);
17.          }catch(Exception e){
18.              System.err.println(e.toString());
19.          }
20.      }
21.      //将输入的字节数组转换为字符串
22.      public static String byteArr2HexStr(byte[] arrB) throws Exception {
23.          int iLen = arrB.length;
24.          // 每个字节用两个字符才能表示,所以字符串的长度是数组长度的两倍
25.          StringBuffer sb = new StringBuffer(iLen * 2);
26.          for (int i = 0; i < iLen; i++) {
27.              int intTmp = arrB[i];
28.              while (intTmp < 0) {      // 把负数转换为正数
29.                  intTmp = intTmp + 256;
30.              }
31.              if (intTmp < 16) {        // 小于 0F 的数需要在前面补 0
32.                  sb.append("0");
33.              }
34.              sb.append(Integer.toString(intTmp, 16));
35.          }
```

```
36.            return sb.toString();
37.        }
38.    //输入的字符串转化为字节数组
39.    public static byte[] hexStr2ByteArr(String strIn) throws Exception {
40.            byte[] arrB = strIn.getBytes();
41.            int iLen = arrB.length;
42.            // 两个字符表示一个字节,所以字节数组长度是字符串长度除以2
43.            byte[] arrOut = new byte[iLen / 2];
44.            for (int i = 0; i < iLen; i = i + 2) {
45.                String strTmp = new String(arrB, i, 2);
46.                arrOut[i / 2] = (byte) Integer.parseInt(strTmp, 16);
47.            }
48.            return arrOut;
49.        }
50.    //加密字节数组
51.    public byte[] encrypt(byte[] arrB) throws Exception {
52.            return encryptCipher.doFinal(arrB);
53.        }
54.    //加密字符串
55.    public String encrypt(String strIn) throws Exception {
56.            return byteArr2HexStr(encrypt(strIn.getBytes()));
57.        }
58.    //解密字节数组
59.    public byte[] decrypt(byte[] arrB) throws Exception {
60.            return decryptCipher.doFinal(arrB);
61.        }
62.    //解密字符串
63.    public String decrypt(String strIn) throws Exception {
64.            return new String(decrypt(hexStr2ByteArr(strIn)));
65.        }
66.    //生成密钥
67.    private Key getKey(byte[] arrBTmp) throws Exception {
68.            // 创建一个空的8位字节数组(默认值为0)
69.            byte[] arrB = new byte[8];
70.            // 将原始字节数组转换为8位
71.            for (int i = 0; i < arrBTmp.length && i < arrB.length; i++) {
72.                arrB[i] = arrBTmp[i];
73.            }
74.            // 生成密钥
```

75.   Key key = new javax.crypto.spec.SecretKeySpec(arrB, "DES");
76.   return key;
77.   }
78. }

代码注释如下：
① 第 1~3 行引入必要的类库包，包括.io，.java.security，.javax.crypto 等；
② 第 6 行设置的密钥，因为是 DES 对称算法，所以用于加密和解密的密钥相同；
③ 第 7~8 行分别申明加密和解密对象；
④ 第 12 行设置算法供应商的方案 com.sun.crypto.provider.SunJCE()；
⑤ 第 13 行将字符串密钥转换为字节数组密钥；
⑥ 第 14~15 行设置加密对象使用 DES 算法，并使用加密模式 Cipher.ENCRYPT_MODE，带入字节数组密钥；
⑦ 第 16~17 行设置加密对象使用 DES 算法，并使用加密模式 Cipher.DECRYPT_MODE，带入字节数组密钥；

在例 8-1 中进行加、解密操作所需要的关键步骤有四个。
● 首先应指定采用的算法，指定所采用该算法的软件实现供应商。利用 Security 类库加载加密算法提供者，addProvider(Provider provider)将提供程序添加到可用位置。例如，在例 8-1 中所使用的是 Sun 公司的 JCE 解决方案：

    Security.addProvider(new com.sun.crypto.provider.SunJCE());

● 其次，加载密钥。由于加密算法的特性，加密和解密密钥需要转换为字节数组，再按照指定的加密算法生成密钥空间，例如：

    Key key = new javax.crypto.spec.SecretKeySpec(arrB, "DES");

在这里使用的 DES 算法加密字符串，也可以指定其他加密算法。
● 第三，利用 Cipher 类获得算法实例。使用 Cipher 类构造方法需要提供三个参数，分别是加密算法、加密模式和填充机制，生成一个实现指定转换的 Cipher 对象。如果默认的提供程序包提供了请求的转换实现，则会返回包含该实现的一个 Cipher 实例。如果默认的提供程序包中没有可用的转换，则将搜索其他的提供程序包。语法如下：

    public static final Cipher getInstance(String transformation) throws
            NoSuchAlgorithmException, NoSuchPaddingException

在例 8-1 中所使用的 DES 加/解密算法，由于 DES 算法在加/解密时，虽然使用加/解密算法相同，但是子密钥使用顺序不同，即指明：加密模式(Cipher.ENCRYPT_MODE)或者解密模式(Cipher.DECRYPT_MODE)。

    encryptCipher = Cipher.getInstance("DES ");   //指定加密
    encryptCipher.init(Cipher.ENCRYPT_MODE, key);
    decryptCipher = Cipher.getInstance("DES ");   //指定解密
    decryptCipher.init(Cipher.DECRYPT_MODE, key);

● 最后，将待加密和解密的数据转换为字节数组，因为在加/解密算法中都使用 8 位的整数倍进行数据的处理，例如 DES 算法每次处理 64 位数据。执行加/解密操作 doFinal()，该方法有重载方法，如：

第 8 章 传输安全

byte[ ] doFinal() 结束多部分加密或解密操作；

byte[ ] doFinal(byte[] input) 按单部分操作加密或解密数据，或者结束一个多部分操作。

将例 8-1 所定义的加/解密类进行实例化，即可实现加密操作。

【例 8-2】 对例 8-1 所定义的加/解密操作进行测试。

```
1.  class exp_8_2{
2.      public static void main(String [] args){
3.          Encode en = new Encode("123456");
4.          String str1 = new String("I am a good teacher!");
5.          String str2;
6.          System.out.println("原数据: " + str1);
7.          try{
8.              str2 = en.encrypt(str1);
9.              System.out.println("加密后数据：" + str2);
10.             System.out.println("解密后数据：" + en.decrypt(str2));
11.         }catch(Exception e){
12.             System.err.println("加/解密数据有错误：" + e);
13.         }
14.     }
15. }
```

代码注释如下：

① 第 3 行为 DES 提供密钥 "123456"；

② 第 4 行 str1 为待加密的字符串；

③ 第 5 行 str2 为用于存储加密后信息；

④ 第 8 行执行加密操作；

⑤ 第 9 行输出加密结果；

⑥ 第 10 行执行解密操作。

运行结果如图 8-1 所示。

```
原数据: I am a good teacher!
加密后数据: 1c909c7507c50e9a75678239afd9497fb514fc80e427c9f7
解密后数据: I am a good teacher!
```

图 8-1 加密/解密结果

如果运行失败，可能的原因是未能安装正确的 Cipher 实体，将抛出如图 8-2 的提示信息。

```
java.lang.IllegalStateException: Cipher not initialized
    at javax.crypto.Cipher.c(DashoA12275)
    at javax.crypto.Cipher.doFinal(DashoA12275)
```

图 8-2 异常提示

将例 8-1 中 Encode 类应用到例 5-3 中，用于 TCP 通信的加密和解密，作如下修改。

【例 8-3】 在 TCP 通信时，发送端进行加密操作。

```
1.  Encode en = new Encode("123456");    //自定义密钥
2.  String str = null;
3.  while((fromServer = in.readUTF()) != null){
4.      System.out.println("Server:" + fromServer);
5.      if(fromServer.equals("bye")) break;
6.      System.out.print("Client:");
7.      fromUser = stdIn.readLine();
8.      str = en.encrypt(fromUser);
9.      out.writeUTF(username + "#" +str);
10. }
```

代码注释如下：
① 第 1 行自定义加/解密密钥；
② 第 7 行从键盘接收消息输入；
③ 第 8 行加密要发送的字符串；
④ 第 9 行发送经加密的信息。

对比加密前后客户端和服务器端收到的数据，如图 8-3 所示。

图 8-3 服务器端未解密

此时，服务器端收到是由客户端发来的"Hello Server!"经过加密后，在服务器端收到一组不可理解的信息，则需要解密操作，作以下修改。

【例 8-4】 TCP 通信时，接收端进行解密操作。

```
1.  Encode en = new Encode("123456");    //自定义密钥，与客户端相同
2.  String str = null;
3.  while((inputLine = in.readUTF()) != null){ //接收网络数据
4.      str = en.decrypt(inputLine);           //解密消息
5.      System.out.println(str);
6.      System.out.print("Server:");
7.      outputLine = stdIn.readLine();   //接收键盘输入
8.      out.writeUTF(outputLine); //向网络发送数据
9.      out.flush();
10.     if(outputLine.equals("bye")) break;
11. }
```

代码注释如下:
① 第 1 行自定义加解密密钥,由于采用对称加密的 DES 算法,所以解密密钥与加密密钥相同;
② 第 3 行从网络收到信息;
③ 第 4 行进行解密操作。
所得结果如图 8-4 所示。

图 8-4 服务器端已解密

在网络通信时,一台服务器同时与多个客户端进行通信,在这些信息中有些是重要的消息,需要进行保护。那么如何判断所接收的信息是否经过了加密处理?可以通过定义一个消息类,再利结合序列化的方法。

【例 8-5】 用消息类实现序列化接口,其中成员变量 encode 代表是否加密。

```
1.    class msg implements Serializable {
2.        boolean encode;    //布尔值,表示是否是加密的数据
3.        String context;
4.        public msg(boolean en, String context){
5.            this.encode = en;
6.            this.context = context;
7.        }
8.    }
```

这样在数据发送端根据需要设置 encode 的值(true 或者 false)来标识是否采用了加密算法,数据接收端根据 encode 的值来选择是否采用解密算法。也可以为消息类添加其他成员变量,以提供更多的信息,例如加密算法的名称等。

8.2 数字签名

8.2.1 数字签名的概念

在通信安全中存在两个方面,分别是:
● 数据加密,用于保证数据的机密性,防止被窃听。

- 数字签名，用于保证数据的认证和完整性，防止数据伪装、修改、反拒认等。

数字签名(Digital Signature，又称公钥数字签名、电子签章)是指以电子形式存在于数据信息之中的，或作为其附件的或逻辑上与之有联系的数据，可用于辨别数据签署人的身份，并表明签署人对数据信息中包含的信息的认可。

数字签名是一种类似写在纸上的普通的物理签名，但是使用了公钥加密领域的技术实现，用于鉴别数字信息。其实，数字签名就是只有信息的发送者才能产生的别人无法伪造的一段数字串，这段数字串同时也是对信息的发送者发送信息真实性的一个有效证明。一套数字签名通常定义两种互补的运算，一个用于签名，另一个用于验证。数字签名了的文件的完整性是很容易验证的(不需要骑缝章、骑缝签名，也不需要笔迹专家)，而且数字签名具有不可抵赖性(不需要笔迹专家来验证)。数字签名的主要功能：保证信息传输的完整性、发送者的身份认证、防止交易中的抵赖发生。

数字签名是非对称密钥加密技术与数字摘要技术的应用。数字签名的应用过程是：数据源发送方使用自己的私钥对数据校验和/或其他与数据内容有关的变量进行加密处理，完成对数据的合法"签名"，数据接收方则利用对方的公钥来解读收到的"数字签名"，并将解读结果用于对数据完整性的检验，以确认签名的合法性。数字签名技术是在网络系统虚拟环境中确认身份的重要技术，完全可以代替现实过程中的"亲笔签字"，在技术和法律上有保证。在数字签名应用中，发送者的公钥可以很方便地得到，但他的私钥则需要严格保密。数字签名技术是将摘要信息用发送者的私钥加密，与原文一起传送给接收者。接收者只有使用发送者的公钥才能解密被加密的摘要信息，然后用 HASH 函数对收到的原文产生一个摘要信息，与解密的摘要信息对比，若相同，则说明收到的信息是完整的，在传输过程中没有被修改，否则说明信息被修改过，因此数字签名能够验证信息的完整性。所以，数字签名是个加密的过程，数字签名验证是个解密的过程。签名过程如图 8-5 所示。

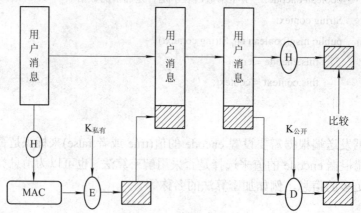

图 8-5 数字签名过程

简单地说，所谓数字签名就是附加在数据单元上的一些数据，或是对数据单元所作的密码变换。这种数据或变换允许数据单元的接收者用以确认数据单元的来源和数据单元的完整性并保护数据，防止被人(例如接收者)进行伪造。它是对电子形式的消息进行签名的一种方法。一个签名消息能在一个通信网络中传输。

基于公钥密码体制和私钥密码体制都可以获得数字签名，目前主要是基于公钥密码体制的数字签名，包括普通数字签名和特殊数字签名。普通数字签名算法有 RSA、ElGamal、Fiat-Shamir、Guillou-Quisquarter、Schnorr、Ong-Schnorr-Shamir、Des/DSA 数字签名算法、椭圆曲线数字签名算法和有限自动机数字签名算法等。特殊数字签名有盲签名、代理签名、群签名、不可否认签名、公平盲签名、门限签名、具有消息恢复功能的签名等，它与具体应用环境密切相关。显然，数字签名的应用涉及法律问题，美国联邦政府基于有限域上的离散对数问题制定了自己的数字签名标准(DSS)。

8.2.2 数字签名的实现

在 JDK 1.1 中提供了 DSA(Digital Signture Algorithm)数字签名算法，使用公私钥加/解密算法提供数字签名。在 java.Security 包中用于产生和使用数字签名的类：

- KeyPairGenerator 类用于生成公私钥对。其重要的方法包括：

KeyPairGenerator.getInstance(算法)，指定生成密钥的算法；

KeyPairGenerator.initialize(密钥空间)，生成密钥空间尺寸；

KeyPairGenerator.generateKeyPair()，产生用于签名的公私钥对；

KeyPair.getPublic()，获得所生成的公钥；

KeyPair.getPrivate()，获得所生成的私钥。

- Signature 类用于生成签名信息。其重要的方法包括：

Signature.getInstance(算法)，指定签名算法；

Signature.initVerify(公钥)，加载用于公钥；

Signature.update(数据)，加载待签名的数据，即生成需要签名的数据摘要信息；

Signature.sign()，对消息进行签名；

Signature.verify(签名)，接收端验证签名信息。

在例 8-6 中定义了一个签名对象类，该类中包括的成员属性有：原始数据、签名信息及验证使用的公钥。由图 8-5 所示的数字签名过程可知，接收方需要这样的三个值用于验证签名信息，所以将它们作为类的成员变量，并实现了序列化接口，用于网络传输。

【例 8-6】 签名消息类。

```
1.    import java.io.*;
2.    import java.security.*;
3.    public class signedObj implements Serializable{
4.        byte [] b;
5.        byte [] sig;
6.        PublicKey pub;
7.        public signedObj(byte [] b, byte [] sig, PublicKey pub){
8.            this.b = b;
9.            this.sig = sig;
10.           this.pub = pub;
11.       }
12.   }
```

代码注释如下:
① 第 2 行引用了 java.security 类库;
② 第 3 行实现了 Serializable 接口;
③ 第 4 行采用字节数组存储原始数据;
④ 第 5 行使用字节数组存储签名信息;
⑤ 第 6 行用于接收方解密签名的公钥。

在客户端,需要利用可序列化的消息类发送签名数据,如例 8-7。在该例中采用 TCP 协议发送签名信息,所以首先连接指定的服务器端,即签名消息的接收者,再利用 DSA 算法进行签名操作。

【例 8-7】 发送签名信息的客户端程序。

```java
1.    import java.io.*;
2.    import java.net.*;
3.    import java.security.*;
4.    public class SimpleClient{
5.        public static void main(String [] argv){
6.            Socket s = null;
7.            ObjectOutputStream os = null;
8.            try{
9.                s = new Socket("localhost", 8080);
10.               System.out.println("连接服务器 8080");
11.               os = new ObjectOutputStream(s.getOutputStream());
12.           }catch(UnknownHostException e){
13.               System.err.println("不可识别的主机");
14.               System.exit(0);
15.           }catch(IOException e){
16.               System.err.println("无法链接到服务器的 8000 端口");
17.               System.exit(0);
18.           }
19.           try{
20.               KeyPairGenerator kgen = KeyPairGenerator.getInstance("DSA");
21.               kgen.initialize(512);
22.               KeyPair kpair = kgen.generateKeyPair();
23.               Signature sig = Signature.getInstance("SHA/DSA");
24.               PublicKey pub = kpair.getPublic();
25.               PrivateKey priv = kpair.getPrivate();
26.               sig.initSign(priv);
27.               System.out.println("开始加载数据");
28.               FileInputStream fis = new FileInputStream("msgDB.dat");
29.               byte [] arr = new byte[fis.available()];
```

第 8 章　传 输 安 全

```
30.             fis.read(arr);
31.             sig.update(arr);
32.             signedObj obj = new signedObj(arr, sig.sign(), pub);
33.             os.writeObject(obj);
34.             System.out.println("数据发送完毕");
35.             os.flush();
36.             os.close();
37.             fis.close();
38.             s.close();
39.         }catch(Exception e){
40.             System.err.println(e.toString());
41.         }
42.     }
43. }
```

代码注释如下：
① 第 9～10 行由于传输签名信息需要可靠的传输，所以采用 TCP 协议；
② 第 20 行指定密钥生成算法为 DSA；
③ 第 21 行指定密钥空间为 512，通常该值为 8 的整数倍，如 1024、2048 等；
④ 第 22 行生成公私密钥对；
⑤ 第 23 行指定签名算法为 SHA/DSA；
⑥ 第 24～25 行分别获得公、私钥，其中私钥用于签名，公钥用于发送；
⑦ 第 26 行为签名算法设置私钥；
⑧ 第 28～31 行加载待签名数据；
⑨ 第 32 行通过 sig.sign() 执行签名操作，并且构造生成待发送消息对象；
⑩ 第 33 行采用 writeObject() 实现序列化操作。

服务器端作为签名验证方监听 8080 端口，等待连接请求。一旦建立了 TCP 连接，立即接收签名数据。

【例 8-8】 消息验证服务器端程序。

```
1.  import java.io.*;
2.  import java.net.*;
3.  import java.security.*;
4.  public class SimpleServer{
5.      public static void main(String [] argv){
6.          ServerSocket ss = null;
7.          Socket cs = null;
8.          ObjectInputStream is = null;
9.          KeyPairGenerator kgen;
10.         KeyPair kpair;
11.         try{
```

```
12.        ss = new ServerSocket(8080);
13.        System.out.println("启动 8080 端口监听");
14.    }catch(Exception e){
15.        System.err.println(e.toString());
16.    }
17.    try{
18.        cs = ss.accept();
19.        System.out.println("接收客户端"+cs.getInetAddress());
20.        is = new ObjectInputStream(cs.getInputStream());
21.        signedObj obj = (signedObj)is.readObject();    //接收客户端发来的数据
22.        Signature sig = Signature.getInstance("SHA/DSA");    //指定签名验证算法
23.        sig.initVerify(obj.pub);      //初始化验证的公钥
24.        sig.update(obj.b);            //加载待签名数据
25.        boolean valid = sig.verify(obj.sig);    //验证签名消息
26.        if(valid){
27.            System.out.println("签名有效");
28.        }else{
29.            System.out.println("签名无效");
30.        }
31.        System.out.println("原始数据: "+(new String(obj.b)));
32.        System.out.println("签名信息: "+(new String(obj.sig)));
33.        System.out.println("验证公钥: "+(obj.pub).toString());
34.    }catch(Exception e){
35.        System.err.println(e.toString());
36.    }
37.    try{
38.        is.close();
39.        cs.close();
40.        ss.close();
41.    }catch(IOException e){
42.        System.err.println(e.toString());
43.    }
44.    }
45. }
```

代码注释如下：

① 第 18 行通过 ServerSocket.accept()方法连接客户端；

② 第 21 行接收签名消息对象；

③ 第 22 行指定签名验证算法为 SHA/DSA；

④ 第 23 行初始化验证公钥；

⑤ 第 24 行加载待验证信息；
⑥ 第 25 行通过 verify()验证签名信息。
运行结果如图 8-6 所示。

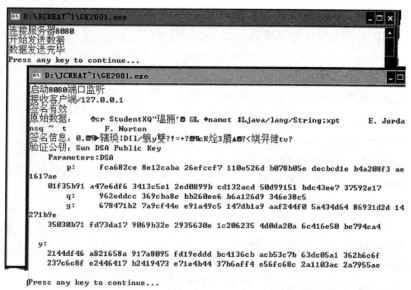

图 8-6　服务器端接收签名信息图

8.3　安全套接层

8.3.1　JSSE 概念

Java 语言除了在 TCP/IP 体系结构的应用层上对数据进行加密和签名以外，还支持在运输层的安全机制。安全套接层(Secure Socket Layer，SSL)及传输层安全(Transfer Layer Secure，TLS)是位于运输层的加密协议，被广泛地用于 Web 上的安全领域，保护网络传输的信息。SSL 实际是增强 TCP/IP Socket 协议，1994 年由 NetScape 公司开发，现由 IETF(The Internet Engineering Task Force)控制。其在 TCP/IP 体系结构中的位置如图 8-7 所示。

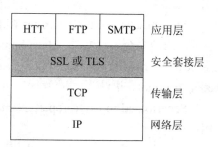

图 8-7　SSL 或 TLS 结构图

SSL 主要使用公钥私钥技术，以及用于加密的密钥技术和用于保证数据完整性的数字签名技术，提供的技术包括：信息加密、密钥技术、公/私钥机密、公钥认证、数字签名、SSL 握手、密码包等。

Java 安全套接字扩展(Java Security Socket Extension，JSSE)是 Sun 为了解决在 Internet 上的安全通信而推出的解决方案，用于实现 SSL 和 TLS(传输层安全)协议。在 JSSE 中包含了数据加密、服务器验证、消息完整性和客户端验证等技术。通过使用 JSSE，开发人员可以在客户机和服务器之间通过 TCP/IP 协议安全地传输数据。

当前 JSSE 版本为 JSSE 1.0.3，其扩展 JAR 包被复制到 JSDK 安装目录的 /jre/lib/ext 子目录中，并通过在文件 java.security 中添加 security.addProvider(new com.sun.net.ssl.internal.ssl.Provider())，实现注册密码服务的提供者。

默认的 JSSE 配置中包含如下信息：
- X509Cerificate，表示是由 X509 认证实体；
- HTTPs Protocol，表示使用 HTTPs 安全协议；
- Provider，指算法服务的软件提供商；
- SSLSocketFactory，指安全套接字客户端工厂；
- SSLServerSockerFactory，指安全套接字服务端工厂；
- keyStore，用于存储密钥的证书库；
- keyStore Type，指证书库类型；
- keyStore password，开启证书库口令；
- trustStore，用于储存网络信任关系的信任库；
- trustStore type，指信任库类型；
- trustStore password，开启信任库口令；
- Key manager algorithm name，密钥管理算法；
- Trust manager algorithm name，信任管理算法。

为了使 Java 通信程序运行在 SSL 可靠传输平台上，可以通过设置系统属性实现，通常有两种办法：

(1) 设置静态系统属性。在运行程序时，使用 -D 参数指定当前的信任策略，例如：

  java - Djavax.net.ssl.trustStore = MyCacertsFile MyApp

(2) 动态设置系统属性。在程序中使用 java.lang.System.setProperty()方法，在程序中指定信任策略，通过设置系统属性的方法，设置规则 propertyName = property Value，语法为：

  System.setProperty(propertyName, "property Value");

例如：

  System.setProperty("javax.net.ssl.trustStore", "MyCacertsFile");

并且，修改安全属性文件 <Java-home>/lib/sercurity/java.security，在程序中使用动态语句设定 java.security.Security.setProperty，如 ssl.ScoketFactory.provider = com.cryptox.MySSLSocketFactoryImpl。语法为：

  Security.setProperty(propertyName, "property Value");

例如：

  Security.setProperty("ssl.SocketFactory.provider",
    "com.cryptox.MySSLSocketFactoryImpl");

8.3.2 JSSE 类库包

在 Java 语言的扩展包 javax 中提供了一系列的用于安全传输机制的类，如在 javax.net 包中提供 SocketFactory 和 ServerSocketFactory 类，将 TCP 中的 Socket 和 ServerSocket 分

别替换为 SSLSocket 和 SSLServerSocket；在 javax.net.ssl 包中提供创建和管理 SSL session 类；在 Com.sun.net.ssl 包中提供底层密钥管理的类和接口；在 javax.security.cert 包中提供可选的公/私钥认证支持。即，在 javax.net 和 javax.net.ssl 类库包中包含 JSSE 的核心类和接口：

● SSLSocket 和 SSLServerSocket 类，用于构造安全的客户端套接字和服务器端监听对象；

● SSLSocketFactory 和 SSLServerSocketFactory 类，用于安全的客户端套接字工厂对象和服务器端监听工厂对象；

● SSLSession 接口，用于实现安全的套接字会话接口；

● SSLSessionContext 接口，用于实现安全的会话内容接口；

● X509Certificate 类，用于构造 X509 证书认证对象。

在 JSSE 应用中，需要借助一个被称为"Keytool.exe"的工具软件，它被包含在 JSDK 的安装目录的 bin 目录下，是一个外部可执行文件。keytool 是密钥和证书管理工具，使用户能够管理自己的公钥/私钥对及相关证书，用于数字签名或数据完整性以及认证服务，还允许用户以证书形式储存他们的通信对等者的公钥。实质上，keytool 用来管理私钥仓库(keystore)和与之相关的 X.509 证书链，也可以用来管理其他信任实体。keytool 将密钥和证书储存在一个所谓的密钥仓库中，密钥仓库实际是一个储存文件，并且采用口令来保护私钥。

在命令模式下，执行方式如：

　　　　c:\>Keytool –genkey –alias sslTest –keystore sslkeystore

表示创建一个名为 sslketstore 的证书库，证书库口令为 sslTest。

-genkey 参数命令用来生成密钥对(公钥和私钥)，缺省的密钥对生成算法是"DSA"。在生成 DSA 密钥对时，密钥大小的范围必须在 512～1024 位之间，且必须是 64 的倍数，缺省的密钥大小为 1024 位。

-keystore 选项用于指定 keytool 管理的密钥仓库的永久密钥仓库文件名称及其位置。缺省情况下，密钥仓库储存在用户宿主目录(由系统属性的"user.home"决定)中名为.keystore 的文件中。在 Solaris 系统中"user.home"缺省为用户的主目录。

创建命令如图 8-8 所示。

```
输入keystore密码：
再次输入新密码：
您的名字与姓氏是什么？
  [Unknown]:  xupt
您的组织单位名称是什么？
  [Unknown]:  xupt
您的组织名称是什么？
  [Unknown]:  computer
您所在的城市或区域名称是什么？
  [Unknown]:  xa
您所在的州或省份名称是什么？
  [Unknown]:  sx
该单位的两字母国家代码是什么
  [Unknown]:  cn
CN=xupt, OU=xupt, O=computer, L=xa, ST=sx, C=cn 正确吗？
  [否].
```

图 8-8　生成本地的证书库

【例8-9】 查看证书库的基本信息。

```
1.   import java.io.*;
2.   import java.net.*;
3.   import java.util.*;
4.   import java.security.*;
5.   import javax.net.*;
6.   import javax.net.ssl.*;
7.   public class exp_8_9
8.       public static void main(String [] args){
9.           try{
10.              String KEYSTORE ="sslkeystore";
11.              char [] KEYSTOREPW = "123456".toCharArray();
12.              char [] KEYPW = "ssltest".toCharArray();
13.              KeyStore keystore = KeyStore.getInstance("JKS");
14.              keystore.load(new FileInputStream(KEYSTORE), KEYSTOREPW);
15.              java.security.cert.Certificate c=keystore.getCertificate("sslTest");
16.              System.out.println("证书库信息:\n"+c.toString());
17.              X509Certificate t=(X509Certificate)c;
18.              System.out.println("Version:" + t.getVersion());
19.              System.out.println("Serials:" + t.getSerialNumber().toString(16));
20.              System.out.println("host:" + t.getSubjectDN());
21.              System.out.println("signer:" + t.getIssuerDN());
22.              System.out.println("valid:"+t.getNotBefore());
23.              System.out.println("sign algorthimdf:"+t.getSigAlgName());
24.          }catch(Exception e){
25.              System.err.println(e.toString());
26.          }
27.      }
28.  }
```

代码注释如下：

① 第 4～6 行加载必要的类库包；

② 第 10 行指定证书库文件名；

③ 第 11 行指定证书库的密钥；

④ 第 12 行指定证书名称；

⑤ 第 13 行指定证书库类型，通常都是 JKS；

⑥ 第 14 行读取证书库内容；

⑦ 第 15 行加载证书 sslTest；

⑧ 第 16～23 行输出证书内容。

有了证书库后，就可以着手 JSSE 编程实现了。

第 8 章 传输安全

【例 8-10】 SSLServerSocket 服务器端程序。

```
1.   import java.io.*;
2.   import java.net.*;
3.   import java.util.*;
4.   import java.security.*;
5.   import javax.net.*;
6.   import javax.net.ssl.*;
7.   public class exp_8_10{
8.       public static void main(String [] args){
9.           try{
10.              String KEYSTORE ="sslkeystore";
11.              char [] KEYSTOREPW = "123456".toCharArray();
12.              char [] KEYPW = "ssltest".toCharArray();
13.              KeyStore keystore = KeyStore.getInstance("JKS");
14.              keystore.load(new FileInputStream(KEYSTORE), KEYSTOREPW);
15.              KeyManagerFactory kmf = KeyManagerFactory.getInstance("SunX509");
16.              kmf.init(keystore, KEYPW);
17.              SSLContext sslc = SSLContext.getInstance("SSLv3");
18.              sslc.init(kmf.getKeyManagers(), null, null);
19.              ServerSocketFactory ssf = sslc.getServerSocketFactory();
20.              SSLServerSocket serverSocket = (SSLServerSocket)ssf.createServerSocket(8000);
21.              System.out.println("ssl Echo Server start at 8000");
22.              SSLSocket sslSocket = (SSLSocket)serverSocket.accept();
23.              InputStream is = sslSocket.getInputStream();
24.              InputStreamReader isr = new InputStreamReader(is);
25.              BufferedReader br = new BufferedReader(isr);
26.              String str = null;
27.              while((str=br.readLine())!= null){
28.                  System.out.println(str);
29.                  System.out.flush();
30.              }
31.          }catch(Exception e){
32.              System.err.println(e.toString());
33.          }
34.      }
35.  }
```

代码注释如下：

① 在程序 1～6 行加载必要类库包，包括 .io，.net，.security，javax.net，javax.net.ssl 等；

② 在程序 10～12 行设置证书库和必要的密钥，证书库名称为 **sslkeystore**，打开证书

库的密钥为 ssltest，证书库文件的密钥为 123456；

③ 在程序 13 行设置证书库的类型，缺省的密钥仓库类型是"JKS"，它是由 Sun 公司提供者提供的密钥仓库实现的专用类型；

④ 在程序 14~18 行加载证书库，通过 load()方法提供证书库文件名和密码，设置密钥工厂，将加载的证书库加入到密钥工厂中，再将该工厂加载到一个 SSL 实例中；在打开了证书库后，可以查看里面的内容；

⑤ 在程序的 19~20 行创建服务器端安全的监听套接字，首先创建服务器端套接字工厂，然后在 TCP 的 8000 端口创建 SSLServerSocket 实例；

⑥ 在程序的 22 行以后实现与客户端的安全传输。

【例 8-11】 SSLSocket 客户端程序。

```
1.    import java.net.*;
2.    import java.io.*;
3.    import java.util.*;
4.    import java.security.*;
5.    import javax.net.*;
6.    import javax.net.ssl.*;
7.    import java.security.cert.*;
8.    import sun.security.x509.*;
9.    import java.security.cert.Certificate;
10.   import java.security.cert.CertificateFactory;
11.   public class exp_8_11{
12.       public static void main(String [] args){
13.           try{
14.               String KEYSTORE ="sslkeystore";
15.               char [] KEYSTOREPW = "123456".toCharArray();
16.               KeyStore keystore = KeyStore.getInstance("JKS");
17.               keystore.load(new FileInputStream(KEYSTORE), KEYSTOREPW);
18.               TrustManagerFactory kmf = TrustManagerFactory.getInstance("SunX509");
19.               kmf.init(keystore);
20.               SSLContext sslc = SSLContext.getInstance("SSLv3");
21.               sslc.init(null, kmf.getTrustManagers(), null);
22.               SocketFactory ssf = sslc.getSocketFactory();
23.               SSLSocket sslSocket = (SSLSocket)ssf.createSocket("localhost", 8000);
24.               InputStream is = System.in;
25.               InputStreamReader isr = new InputStreamReader(is);
26.               BufferedReader br = new BufferedReader(isr);
27.               OutputStream os = sslSocket.getOutputStream();
28.               OutputStreamWriter osw = new OutputStreamWriter(os);
29.               BufferedWriter bw = new BufferedWriter(osw);
```

```
30.           String str = null;
31.           while((str=br.readLine())!= null){
32.                bw.write(str + "\n");
33.                bw.flush();
34.           }
35.        }catch(Exception e){
36.           System.err.println(e.toString());
37.        }
38.     }
39. }
```

代码注释如下：

① 在程序 1～10 行加载必要类库包；

② 在程序 14～15 行设置证书库和必要的密钥，证书库名称为 sslkeystore，证书库文件的密钥为 123456；

③ 在程序 16 行设置证书库的类型，缺省的密钥仓库类型是 "JKS"，它是由 Sun 公司提供者提供的密钥仓库实现的专用类型；

④ 在程序 17～21 行加载证书库，通过 load()方法提供证书库文件名和密码，设置密钥工厂，将加载的证书库加入到密钥工厂中，再将该工厂加载到一个 SSL 实例中；

⑤ 在程序的 22～23 行创建客户端安全套接字，首先创建客户端套接字工厂，然后再创建 SSLSocket 实例连接服务器端 8000 端口；

⑥ 在程序的 22 行以后实现与服务器端的安全传输。

习 题 8

1．信息安全领域中的两项重要技术是什么？
2．在 JCE 中，java.security 和 javax.crypto 的作用是什么？
3．将例 8-1 中的加密算法替换为 RSA 算法。
4．画出数字签名的原理图。
5．KEYTOOL 的作用是什么？说明参数 genkey，alias，keystore 的含义。

第 9 章　远程方法调用

　　分布式计算是一门计算机科学,它研究如何把一个非常巨大的问题分解成许多个小的部分,然后把它们合理地分配给多台计算设备分别进行处理,最后将计算结果汇总起来得到最终的结果。面向对象的远程方法调用(Remote Method Invocation,RMI)是 Enterprise JavaBeans 的支柱,也是建立分布式 Java 应用程序的方便途径。

9.1　RMI

9.1.1　RMI 的概念

　　分布式计算的实质是"要求运行在不同地址空间不同主机上的对象互相调用。"各种分布式系统都有自己的调用协议,著名的解决方案有:

● 公共对象请求代理体系结构(Common Object Request Broker Architecture,CORBA)的 IIOP(Internet InterORB Protocol,互联网内部对象请求代理协议)。CORBA 体系结构是对象管理组织(Object Managerment Group,OMG)为解决分布式处理环境(Distributed Computing Enviornment,DCE)中,硬件和软件系统的互连而提出的一种解决方案。

● 微软事务服务器(Microsoft Transaction Server,MTS)中的分布式组件对象模型(Distributed Component Object Model,DCOM)。DCOM 是一系列微软的概念和程序接口,利用这个接口,客户端程序对象能够请求来自网络中另一台计算机上的服务器程序对象。

● RMI。RMI 是 Java 的一组开发分布式应用程序的 API。RMI 使用 Java 语言接口定义了远程对象,它集合了 Java 序列化和 Java 远程方法协议(Java Remote Method Protocol)。它是一种机制,能够让在某个 Java 虚拟机上的对象调用另一个 Java 虚拟机中对象上的方法,可以调用任何实现该远程接口的对象。

　　Java 语言之所以被称为网络开发语言,因为它一开始就与 Web 开发联系在一起,并拥有"强大开发分布式网络应用"的能力,RMI 就是开发百分之百纯 Java 的网络分布式应用系统的核心解决方案之一。

　　RMI 是 Java 在 JDK 1.1 中实现的,是非常重要的底层技术,它大大增强了 Java 开发分布式应用的能力。EJB(Enterprise JavaBean)就是建立在 RMI 基础之上的,现在还有一些开源的远程调用组件,其底层技术也采用了 RMI。

　　RMI 使用 Java 语言接口定义了远程对象,它集合了 Java 序列化和 Java 远程方法协议(Java Remote Method Protocol)。简单地说,这样使原先的程序由在同一操作系统的方法调用，变成了在不同操作系统之间程序的方法调用。由于 J2EE 是分布式应用平台，因而 RMI 机制可实现程序组件在不同操作系统之间的通信。比如，一个 EJB 可以通过 RMI 调用 Web 上另一台机器上的 EJB 远程方法，即跨平台操作，如图 9-1 所示。

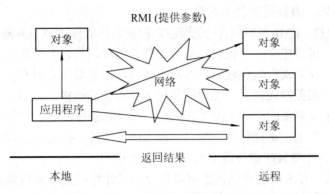

图 9-1 RMI 工作原理

RMI 以 Java 为核心，它将 Java 的安全性和可移植性等强大功能带给了分布式计算，所以可将代理和业务逻辑等属性移动到网络中最合适的地方，例如远程的服务器。RMI 可以被看做是远程过程控制(Remote Process Control，RPC)的 Java 版本，但是传统的 RPC 并不能很好地应用于分布式对象系统。而 RMI 则支持存储于不同地址空间的程序级对象之间彼此进行通信，实现远程对象之间的无缝远程调用。

在 Java 的 RMI 规范中提供的功能有：
- 支持对存在于不同虚拟机上的对象进行无缝的远程调用；
- 支持服务器对客户的回调；
- 把分布式对象模型自然地集成到 Java 语言里，尽可能从语义上保留 Java 的面向对象的特征；
- 使分布式对象模型和本地 Java 对象模型间的差异明朗；
- 使编写可靠的分布式应用程序尽可能简单；
- 保留 Java run-time 环境所提供的安全性；
- 多样化的远程调用机制；
- 支持多点传输的能力；
- 支持分布式的垃圾回收。

9.1.2 RMI 的优点

RMI 为采用 Java 对象的分布式计算提供了简单而直接的途径，通过 RMI 技术充分体现了"编写一次就能在任何地方运行的模式"。RMI 可利用标准 Java 本机方法接口 JNI 与现有的和原有的系统相连接。RMI 还可利用标准 JDBC 类库与关系型数据库连接，即 RMI/JNI 和 RMI/JDBC 相结合，并且可利用 RMI 与目前使用非 Java 语言的现有服务器进行通信。

RMI 的主要优点如下：

(1) 面向对象。RMI 可将完整的对象作为参数和返回值进行传递，而不仅仅是预定义的数据类型。也就是说，您可以将类似 Java 哈希表这样的复杂类型作为一个参数进行传递。而在目前的 RPC 系统中，您只能依靠客户机将此类对象分解成基本数据类型，然后传递这些数据类型，最后在服务器端重新创建哈希表。RMI 则不需额外的客户程序代码(将对象分解成基本数据类型)，直接跨网传递对象。

(2) 可移动属性。RMI 可将属性(类实现程序)从客户机移动到服务器，或者从服务器移到客户机。例如，可以定义一个检查雇员开支报告的接口，以便察看雇员是否遵守了公司目前实行的政策。在开支报告创建后，客户机就会从服务器端获得实现该接口的对象。如果政策发生变化，服务器端就会开始返回使用了新政策的该接口的另一个实现程序。不必在用户系统上安装任何新的软件就能在客户端检查限制条件，从而向用户提供快速的反馈，并降低服务器的工作量。这样程序就能具备最大的灵活性，因为政策改变时您只需要编写一个新的 Java 类，并将其在服务器主机上安装一次即可。

(3) 设计方式。对象传递功能使您可以在分布式计算中充分利用面向对象技术的强大功能，如二层和三层结构系统。如果对象能够传递属性，那么就可以在解决方案中使用面向对象的设计方式。所有面向对象的设计方式无不依靠不同的属性来发挥功能，如果不能传递完整的对象(包括实现和类型)，就会失去设计方式上所提供的优点。

(4) 安全性。RMI 使用 Java 内置的安全机制保证下载执行程序时用户系统的安全。RMI 使用专门为保护系统免遭恶意小应用程序侵害而设计的安全管理程序，可保护您的系统和网络免遭潜在的恶意下载程序的破坏。在情况严重时，服务器可拒绝下载任何执行程序。

(5) 便于编写和使用。RMI 使得 Java 远程服务程序和访问这些服务程序的 Java 客户程序的编写工作变得轻松、简单。远程接口实际上就是 Java 接口。服务程序大约用三行指令声明其本身是服务程序，其他方面则与 Java 对象类似。这种方法便于快速编写完整的分布式对象系统的服务程序，并快速地制做软件的原型和早期版本，以便于进行测试和评估。RMI 程序编写简单，维护简便。

(6) 可连接现有/原有的系统。RMI 可通过 Java 的本机方法接口 JNI 与现有系统进行进行交互。利用 RMI 和 JNI，您就能用 Java 语言编写客户端程序，还能使用现有的服务器端程序。在使用 RMI/JNI 与现有服务器连接时，您可以有选择地用 Java 重新编写服务程序的任何部分，并使新的程序充分发挥 Java 的功能。类似地，RMI 可利用 JDBC、在不修改使用数据库的现有非 Java 源代码的前提下与现有关系数据库进行交互。

(7) 编写一次，到处运行。RMI 是 Java "编写一次，到处运行"方法的一部分。任何基于 RMI 的系统均可 100%地移植到任何 Java 虚拟机上，RMI/JDBC 系统也不例外。如果使用 RMI/JNI 与现有系统进行交互工作，则采用 JNI 编写的代码可在任何 Java 虚拟机进行编译、运行。

(8) 分布式垃圾收集。RMI 采用分布式垃圾收集功能收集不再被网络中任何客户程序所引用的远程服务对象。与 Java 虚拟机内部的垃圾收集类似，分布式垃圾收集功能允许用户根据自己的需要定义服务器对象，并且明确这些对象在不被客户机引用时会删除。

(9) 并行计算。RMI 采用多线程处理方法，可使服务器利用这些 Java 线程更好地并行处理客户端的请求。Java 分布式计算解决方案：RMI 从 JDK 1.1 开始就是 Java 平台的核心部分，因此，它存在于任何一台 1.1 Java 虚拟机中。所有 RMI 系统均采用相同的公开协议，所以，所有 Java 系统均可直接相互对话，而不必事先对协议进行转换。

9.2 RMI 工作机制

RMI 应用程序通常包括两个独立的程序，即服务器端程序和客户机端程序。典型的服务器应用程序将创建多个远程对象，使这些远程对象能够被引用，然后等待客户机调用这些远程对象的方法。而典型的客户机程序则从服务器中得到一个或多个远程对象的引用，然后调用远程对象的方法。

RMI 为服务器和客户机进行远程通信和信息传递提供了一种标准机制，即桩(stub)和构架(skeleton)。其中，远程对象的 stub 担当远程对象的客户本地代表或代理人角色。调度程序将调用本地 stub 的方法，而本地 stub 将负责执行对远程对象的方法调用。stub 通常负责初始化远程调用、序列化、远程方法调用、反序列化、远程方法调用完成处理等。远程对象的 stub 与该远程对象所实现的远程接口集相同。调用 stub 的方法时将执行下列操作：
- 初始化与包含远程对象的远程虚拟机的连接；
- 对远程虚拟机的参数进行编组(写入并传输)；
- 等待方法调用结果；
- 解编返回值或返回的异常；
- 将值返回给调用程序。

为了向调用程序展示比较简单的调用机制，stub 将参数的序列化和网络级通信等细节隐藏了起来。

在远程虚拟机中，每个远程对象都可以有相应的架构(在 JDK 1.2 环境中无需使用架构)。架构负责将调用分配给实际的远程对象实现(反序列化)、反序列化客户端参数、调用实际远程对象、序列化返回客户端参数。它在接收方法调用时执行下列操作：
- 解编远程方法的参数；
- 调用实际远程对象实现上的方法；
- 将结果(返回值或异常)编组给调用程序。

桩和架构是应用程序与系统其他部分的接口，通常使用 RMI 的 rmic 编译器产生。

RMI 系统结构由以下三个部分组成：
- 桩/构架层：应用程序与系统其他部分的接口；
- 远程引用层：负责独立于客户桩和服务器构架，提供多种形式的远程引用和调用协议；
- 传输层：低级层，在不同的地址空间内传输序列化的流。

RMI 工作机制为：调用通过桩/构架层传递，它们作为应用程序与 RMI 系统其他部分的一个接口来提供服务，其唯一目的是通过序列化流，传输数据到远程引用层；一旦数据通过桩/构架层传递，它将通过远程引用层实现调用，并且使用面向连接的流，将数据传递到传输层；当数据到达，传输层负责建立连接并管理这些连接。RMI 系统的结构如图 9-2 所示。

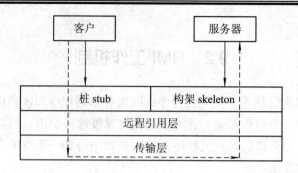

图 9-2 RMI 系统结构

远程方法调用的流向为：从客户对象经桩程序、远程引用层(Remote Reference Layer)和传输层(Transport Layer)向下，传递给主机，然后再次经传输层，向上穿过远程调用层和骨干网(Skeleton)，到达服务器对象，如图 9-2 中虚线流向。

在 RMI 系统结构中，桩程序扮演着远程服务器对象的代理的角色，使该对象可被客户激活。远程引用层处理语义，管理单一或多重对象的通信，决定调用是发往一个服务器还是多个。传输层管理实际的连接，并且追踪可以接受方法调用的远程对象。服务器端的骨干网完成对服务器对象实际的方法调用，并获取返回值。返回值向下经远程引用层、服务器端的传输层传递回客户端，再向上经传输层和远程调用层返回。最后，桩程序获得返回值。

典型的服务器应用程序将创建多个远程对象，并使这些远程对象能够被引用，然后等待客户机调用这些远程对象提供的方法。典型的客户机程序则从服务器中获得一个或多个远程对象的引用，然后调用远程对象的方法。

9.3 RMI 实现技术

9.3.1 RMI 类和工具

利用 RMI 编写分布式对象应用程序需要五个类库包和三个应用软件工具。其中，五个类库包分别是：

java.rmi，提供客户端的 RMI 类、接口和异常类；

java.rmi.server，提供服务器端的 RMI 类、接口和异常类；

java.rmi.registry，用于管理 RMI 命名服务的类；

java.rmi.dgc，用于管理分布式垃圾收集(Distributional Garbage Collection)的类；

java.rmi.activation，用于按需激活的 RMI 服务的类。

三个应用软件工具均包含在 JSDK 安装路径的 bin 目录下，分别是：

rmic.exe，它是 RMI 编译器，在使用 javac 编译 java 源程序后，还需要使用 rmic 编译服务器端的 class 文件，用于生成 stub 和 skeleton；

rmiregistry.exe，一个为 RMI 提供命名服务的服务器，这项服务把名字和对象关联在一起，即将 RMI 服务注册为一个远程对象以便客户端的调用；

rmi.exe，一个支持 RMI 激活框架的服务器。

9.3.2 RMI 实现流程

因为 RMI 允许调用程序将纯 Java 对象传给远程对象，所以 RMI 将提供必要的机制，既可以加载对象的代码又可以传输对象的数据。在 RMI 分布式应用程序运行时，服务器调用注册服务程序以使名字与远程对象相关联。客户机在服务器上注册的服务程序中用远程对象的名字查找该远程对象，然后调用它的方法。利用 RMI 编写分布式对象应用程序需要完成以下工作：

- 定位远程对象。应用程序可使用两种机制中的一种得到对远程对象的引用。它既可用 RMI 的简单命名工具 rmiregistry 来注册它的远程对象，也可以将远程对象引用作为常规操作的一部分来进行传递和返回。
- 与远程对象通信。远程对象间通信的细节由 RMI 处理，对于程序员来说，远程通信看起来就像标准的 Java 方法调用。
- 给作为参数或返回值传递的对象加载类字节码。

为了实现以上工作，RMI 实现的步骤如下：

(1) 定义远程服务接口，该接口必须声明为 public，必须继承 java.rmi.Remote 接口。在接口定义中说明服务器提供的方法特性，包含了方法的名字和参数，这个服务方法必须抛出异常 java.rmi.RemoteException；

(2) 实现远程服务接口所定义的方法；

(3) 利用 rmic 生成桩和框架文件；

(4) 一个运行远程服务的服务器；

(5) 一个 RMI 命名服务，它允许客户端去发现这个远程服务；

(6) 注册远程对象；

(7) 类文件的提供者(一个 HTTP 或者 FTP 服务器)；

(8) 一个需要这个远程服务的客户端程序。

【例 9-1】 定义远程服务接口，一个用于数组相加的远程服务接口。

1. import java.rmi.*;
2. public interface Arith extends java.rmi.Remote{
3.   int [] add(int a[], int b[])throws java.rmi.RemoteException;
4. }

代码注释如下：

① 第 1 行引用了重要的 RMI 类库包；

② 第 2 行定义了自定义的远程接口 Arith，该接口必须具有公开(public)属性，而且继承了 java.rmi.Remote 接口；

③ 第 3 行申明一个没有方法体的 add()，并且该方法抛出了 java.rmi.RemoteException 异常。

【例 9-2】 在该远程服务接口基础上定义实际远程服务。

1. import java.rmi.*;
2. import java.rmi.server.UnicastRemoteObject;
3. public class ArithImpl extends UnicastRemoteObject implements Arith{

```
4.       private String objectName;
5.       public ArithImpl(String s)throws RemoteException{
6.           super(s);
7.           objectName = s;
8.       }
9.       public int [] add(int a[], int b[]){
10.          int c[] = new int[10];
11.          for(int i=0; i<10; i++)
12.              c[i] = a[i] + b[i];
13.          return c;
14.      }
15.      public static void main(String argv[]){
16.          RMISecurityManager sm = new RMISecurityManager();
17.          System.setSecurityManager(sm);
18.          try{
19.              ArithImpl obj = new ArithImpl("ArithServer");
20.              Naming.rebind("//localhost:3000/ArithServer", obj);
21.              System.out.println("ArithServer 注册成功");
22.          }catch(Exception e){
23.              System.err.println(e.toString());
24.          }
25.      }
26. }
```

代码注释如下：

① 第 1~2 行引用重要类库包和类；

② 第 3 行定义远程服务类 ArithImp1，它实现了事先定义远程服务接口 Arith，并且继承了 UnicastRemoteObject 类，用于远程单播传输对象；

③ 第 4 行定义成员属性，用于存储该远程服务的名称；

④ 第 5~8 行定义构造方法，通过 super()指定本远程服务的名称；

⑤ 第 9~14 行覆盖了 Arith 接口的 add()方法，实现了数组相加功能；

⑥ 第 16~17 行定义 RMI 安全管理器实例，并加入到系统的安全管理器中；

⑦ 第 18~24 行创建远程对象的对象实例名称为 obj，通过 rebind()注册了远程服务名称 ArithServer，将该服务绑定在 "//localhost:3000/ArithServer"，使本地环回测试用户可用。

该程序仅说明远程服务的内容，运行该服务还需要特殊的指令。

客户端是调用服务的，它提供用于服务的数据和获得服务结果，如例 9-3 提供了两个准备相加的数组。

【例 9-3】 客户端程序，实现远程方法的调用。

```
1.  import java.rmi.*;
2.  import java.net.*;
```

```
3.    public class ArithApp{
4.         public static void main(String [] argv){
5.              int a[] = {1,2,3,4,5,6,7,8,9,10};
6.              int b[] = {1,2,3,4,5,6,7,8,9,10};
7.              int result [] = new int[10];
8.              try{
9.                   Arith obj=(Arith)Naming.lookup("//localhost:3000/ArithServer");
10.                  result = obj.add(a,b);
11.             }catch(Exception e){
12.                  System.err.println(e.toString());
13.             }
14.             System.out.print("The sum=");
15.             for(int i=0;i<result.length;i++){
16.                  System.out.println(result[i] + "");
17.             }
18.             System.out.println();
19.        }
20.   }
```

代码注释如下：

① 第 1~2 行引用重要的类库包；

② 第 5~7 行给出了用于服务的两个数组 a[] 和 b[] 以及用于存储结果的数组 result[]；

③ 第 9 行查找在远程服务器 localhost 端口 3000 上开放的注册服务 ArithServer，并生成远程引用对象 obj；

④ 第 10 行调用远程方法调用和传递参数；

⑤ 第 14~17 行输出结果。

在第 4 章中，曾经提到使用多线程实现累加计数器，现在将它修改为采用 RMI 完成数值的累加。其不同之处在于，原程序在一台计算机上启动多个线程共同完成累加任务，现在变更为由多台计算机同时完成累加任务。为了使观察效果更好，将累加范围改为 1~10 000，并设置了计时器，通过计算所消耗时间来判断是否得到优化。

【例 9-4】 数字累加累计接口。

```
1.    import java.rmi.*;
2.    public interface Sum extends java.rmi.Remote{
3.         int add(int start, int end)throws java.rmi.RemoteException;
4.    }
```

代码注释如下：

① 第 2 行定义远程服务接口 Arith，其继承了 java.rmi.Remote 接口；

② 第 3 行申明了远程服务方法，其参数是用于累加数值的区间。

【例 9-5】 实现远程服务，实现累加服务，注意运行在两台不同的服务器上，供客户端调用。

```
1.   import java.rmi.*;
2.   import java.rmi.server.UnicastRemoteObject;
3.   public class SumImp extends UnicastRemoteObject implements Sum{
4.       private String objectName;
5.       public SumImp(String s)throws RemoteException{
6.           super();
7.           objectName = s;
8.       }
9.       public int add(int start, int end){
10.          int c = 0;
11.          for(int i=start; i<end; i++)
12.              c = c + i;
13.          return c;
14.      }
15.  }
16.      public static void main(String argv[]){
17.          RMISecurityManager sm = new RMISecurityManager();
18.          System.setSecurityManager(sm);
19.          try{
20.              SumImp obj = new SumImp("SumServer");
21.              Naming.rebind("//服务运行的地址:3000/SumServer", obj);
22.              System.out.println("SumServer 注册成功");
23.          }catch(Exception e){
24.              System.err.println(e.toString());
25.          }
26.      }
27.  }
```

代码注释如下：

① 第1~2行引用重要类库包和类；

② 第3行定义远程服务类 SumImp，它实现了事先定义远程服务接口 Sum，并且继承了 UnicastRemoteObject 类，用于远程单播传输对象；

③ 第4行定义成员属性，用于存储该远程服务的名称；

④ 第5~8行定义构造方法，通过 super() 指定本远程服务的名称；

⑤ 第9~14行覆盖了 Sum 接口的 add() 方法，实现了数组相加功能；

⑥ 第16~17行定义 RMI 安全管理器实例，并加入到系统的安全管理器中；

⑦ 第18~24行创建远程对象的对象实例名称为 obj，通过 rebind() 注册了远程服务名称 SumServer，将该服务绑定在 "//服务运行的地址:3000/SumServer"，该服务运行的地址需要根据运行环境获得。

【例9-6】 客户端将一个 1~10000 的累加工作分配到两个远程服务器上。

```java
1.  import java.rmi.*;
2.  import java.net.*;
3.  public class SumApp implements Runnable{
4.      int start, end;
5.      double sum;
6.      String server;
7.      public SumApp(int start, int end, String server){
8.          this.start = start;
9.          this.end = end;
10.         this.server = server;
11.     }
12.     public void run(){
13.         try{
14.             Sum obj=(Sum)Naming.lookup(server);
15.             sum = obj.add(start, end);
16.         }catch(Exception e){
17.             System.err.println(e.toString());
18.         }
19.     }
20.     public Double getSum(){
21.         return sum;
22.     }
23.     public static void main(String [] argv){
24.         SumApp ap1 = new SumApp(1, 5000, "//192.169.1.10:3000/SumServer");
25.         SumApp ap2 = new SumApp(5001, 10000, "//192.169.1.11:3000/SumServer");
26.         Thread tap1 = new Thread(ap1);
27.         Thread tap2 = new Thread(ap2);
28.         long startTime=System.currentTimeMillis();     //获取开始时间
29.         tap1.start();    tap2.start();
30.         tap1.join();    tap2.join();
31.         long endTime=System.currentTimeMillis(); //获取结束时间
32.         System.out.print("The sum=" + (ap1.getSum() + ap2.getSum()));
33.         System.out.println("程序运行时间： "+(endTime-startTime)+"ms");
34.     }
35. }
```

代码注释如下：

① 第 1~2 行引用重要的类库；

② 第 3 行定义客户端类，其实现了 Runnable 接口；

③ 第 4~11 行定义了累加数值的区间 start 和 end，累加和 sum 和远程服务名称 server；

④ 第 12~19 行实现线程运行入口，在指定的服务器上查找服务 Naming.loop(server)，如找到，则调用远程方法 obj.add(start, end)；

⑤ 第 24~25 行自定义两个线程对象，带入参数，指定数值累加区间和远程服务名称；

⑥ 第 28~29，31 行启动线程；

⑦ 第 28、31、33 行用于记录累加所用的时间；

⑧ 第 30 行将这两个子线程添加到主线程中，保证子线程先于主线程结束。

9.3.3 RMI 运行步骤

由于 RMI 程序的运行依赖于网络的远程调用，它涉及安全问题，因而不同于普通的 Java Application 程序，其运行步骤分为五步：

(1) 使用 javac *.java 分别编译接口程序、服务端程序和客户端程序。

(2) 使用 rmic 服务端的 .class 文件，产生一个服务端的_Stub.class 的产生桩和框架文件。桩和框架在服务器端运行时确定，根据需要动态装载，采用 rmic 编译器生成 stub 和 skeleton。例如：rmic rmiExampl，在 JDK 1.5 下，该命令执行后将生成一个桩文件，文件名为 rmiExampl_Stub.class。

(3) 使用 start rmiregistry，在服务端启动一个 RMI 注册表，便于对服务端提供的远程服务进行注册；RMI 注册表是一个名字服务，允许客户程序获得对远程对象的引用，在服务器/客户程序之前，必须启动 RMI 注册表。启动方式：

  start rmiregistry

默认情况下，启动的端口为 1099。如果自定义端口为 3000，则使用

  start rmiregistry 3000

(4) 执行服务端和客户端程序，应首先在服务端按安全策略文件运行服务器，输入

  java -Djava.security.policy=policyName serverName

(5) 在客户端按安全策略文件运行客户端，输入

  java -Djava.security.policy=policyName clientName

注意，有的时候要在后面加上参数 localhost。

在运行时，有可能出现如图 9-3 所示的提示。

```
java.security.AccessControlException: access denied
(java.net.SocketPermission
127.0.0.1:3000 connect,resolve)
```

图 9-3 RMI 服务端运行提示

该提示中提到程序运行中出现了访问控制异常(AccessControlException)，对 127.0.0.1 地址 3000 端口的连接和解析服务访问被拒绝。出现该异常则说明程序运行还缺少策略文件。

9.3.4 策略文件

RMI 程序是一个调用分布式资源的网络程序,运行客户端通过服务端的指定的端口访问资源,需要控制的安全机制来保护服务端。在 RMI 中利用策略文件,对计算机端口的访问进行某些设置。

策略文件是一个文本文件,里面记录了一些对计算机资源访问的方式,比如对本地文件的访问控制,对端口的访问控制等。其文件后缀名为"*.policy"。在 Windows 系统下,Java 安全策略文件的缺省位置为:

  java.home\lib\security\java.policy

基本的授权设置:

  GRANT CODEBASE "路径"

  {

    PERMISSION JAVA.IO.FILEPERMISSION "C:\\USERS\\CATHY\\FOO.BAT", "READ";

    PERMISSION JAVA.NET.SOCKETPERMISSION "*:1024-65535", "CONNECT,ACCEPT";

    PERMISSION JAVA.SECURITY.ALLPERMISSION;

  };

该代码例程中定义了三个内容:

- 定义了文件 C:\\users\\cathy\\foo.bat 仅有只读权限;
- 定义了允许任何网址的 1024～65 535 端口,可通过 SOCKET 连接和接受连接;
- 定义了 Java 所有的安全策略有效。

为了运行以上节中的程序,最简单的解决方案是修改默认的策略文件。打开 jdk 目录下的这个系统默认策略文件:

  C:\Program Files\Java\jdk1.5.0_04\jre\lib\security\java.policy

在文件最后加入下面代码:

  grant {

    permission java.net.SocketPermission "*:1024-65535", "connect,accept";

    permission java.net.SocketPermission "*:80","connect";

  };

该代码中定义了两个内容:

- 定义了允许任何网址的 1024～65 535 端口,可通过 SOCKET 连接和接受连接;
- 定义了任何网址的 80 端口,可以通过 SOCKET 连接。

另一种常用的解决方案是建立自己的策略文件,如在与程序所处的同一目录下创建文件 MyPolicy.policy,内容为:

  grant {

    permission java.net.SocketPermission "localhost:3000","connect,resolve,accept";

  }

表示允许本地环回测试地址 localhost 的 3000 端口,可以连接、解析和接受连接。

执行服务端程序时,使用命令指定了安全策略文件,例如:

  java -Djava.security.policy=MyPolicy.policy rmiServer

习 题 9

1. 什么是分布式计算模式？什么是 RMI？与 RMI 类似的技术有哪些？
2. 在 RMI 中，什么是桩和构架？RMI 的工作机制是什么？
3. 在 Java 中，实现 RMI 需要哪些类和工具？
4. RMI 的实现流程是什么？
5. 什么是策略文件？如何运行 RMI 程序？
6. 本章中给出远程累加器代码，请考虑以下问题：
(1) 在相同的硬件条件下，对 1~10 000 的累加是否能体现 RMI 的优势？
(2) 再将累加的数值扩大，以及增加 RMI 服务器，观察 RMI 的表现如何。
(3) 在每个 RMI 累加服务器上设计多线程累加。
(4) 现在的例程是指定了远程服务，如何在网络上自动查找和加载远程服务？
7. 设计并实现从多个 RMI 服务器接收文件，将各文件中不重复的内容组合成一个新文件。

第 10 章 数据库访问

数据库(Database)是计算机应用的重要组成部分之一，几乎在所有的软件项目中都包含了数据库应用。Java 语言作为一门成熟的计算机程序语言，提供了 JDBC 技术来专门处理用户数据库要求。本章内容将从以下几个方面展开介绍：数据库的概念，使用 MYSQL 建立数据库，数据库的 JDBC 连接，数据库的维护。

10.1 数据库概述

数据库是按照数据结构来组织、存储和管理数据的仓库，它产生于 50 年前。随着信息技术和市场的发展，数据管理不再仅仅是存储和管理数据，而转变成用户所需要的各种数据管理的方式。数据库有很多种类型，从最简单的存储有各种数据的表格到能够进行海量数据存储的大型数据库系统，在各个方面都得到了广泛的应用。

10.1.1 数据库的功能

数据库是存储一组相关数据的集合，这些数据是结构化的，无有害的或不必要的冗余，并为多种应用服务，数据存储独立于使用它的程序，对数据库插入新数据，修改和检索原有数据均能按一种公用的和可控制的方式进行。这种数据集合具有如下特点：尽可能不重复，以最优方式为某个特定组织的多种应用服务，其数据结构独立于使用它的应用程序，对数据的增、删、改和检索由统一软件进行管理和控制。从发展的历史看，数据库是数据管理的高级阶段，它是由文件管理系统发展起来的。依照整个定义，所有的信息(数据存档)的编纂物，不论其是以印刷形式、计算机存储单元形式或是其他形式存在，都应被视为"数据库"。

数据库提供了以下主要功能：

● 实现数据共享：数据共享包含所有用户可同时存取数据库中的数据，也包括用户可以用各种方式通过接口使用数据库，并提供数据共享。

● 减少数据的冗余度：与文件系统相比，由于数据库实现数据共享，从而避免了用户各自建立应用文件，减少了大量重复数据，减少了数据冗余，维护了数据的一致性。

● 数据的独立性：数据的独立性包括数据库中数据库的逻辑结构和应用程序相互独立，也包括数据物理结构的变化不影响数据的逻辑结构。

● 数据实现集中控制：文件管理方式中，数据处于一种分散的状态，不同的用户或同一用户在不同处理中其文件之间毫无关系。利用数据库可对数据进行集中控制和管理，并通过数据模型表示各种数据的组织以及数据间的联系。

● 数据一致性和可维护性,以确保数据的安全性和可靠性:主要包括安全性控制,以防止数据丢失、错误更新和越权使用;完整性控制,保证数据的正确性、有效性和相容性;并发控制,使在同一时间周期内,允许对数据实现多路存取,还能防止用户之间的不正常交互作用;故障的发现和恢复,由数据库管理系统提供一套方法,可及时发现故障和修复故障,从而防止数据被破坏。

● 故障恢复:由数据库管理系统提供一套方法,发现故障后及时修复,从而防止数据被破坏。数据库系统能尽快恢复数据库系统运行时出现的故障,这些故障可能是物理上或是逻辑上的错误,比如对系统的误操作造成的数据错误等。

10.1.2 SQL 语句

SQL(Structure Query Language)是用于访问和处理数据库的标准的计算机语言。SQL 是一种由美国国家标准化组织(American National Standards Institute,ANSI)推荐的标准计算机语言,提供访问数据库的能力。

SQL 可以实现以下功能:
● 面向数据库执行查询和取回数据;
● 在数据库中插入新的记录;
● 更新数据库中的数据;
● 从数据库删除记录;
● 创建新数据库;
● 在数据库中创建新表;
● 在数据库中创建存储过程;
● 在数据库中创建视图;
● 设置表、存储过程和视图的权限。

数据库通常包含一个或多个表,每个表由一个名字标识(例如"学生信息"或者"课程成绩"),表包含带有数据的记录(行)。例如一个名为 "Students" 的学生信息表:

Id	LastName	FirstName	Address	City
1	Adams	Zhang	YanTa Street	Xi An
2	Bush	Li	Century Avenue	Shang Hai
3	Carter	Wang	Changan Street	Bei Jing

上面的表包含三条记录(每一条对应一个人)和五个字段(Id、姓、名、地址和城市)。在数据库上执行的大部分工作都由 SQL 语句完成。

(1) 通过 SQL 语句创建该表:
  create table Persons(
    id int auto_increment,   //第一个字段,自动增长记录行序号
    LastName char(20) not null,   //第二字段,名
    FirstName char(20) not null,   //第三字段,姓
    Address varchar(50),   //第四字段,联系住址

第10章 数据库访问

```
        City char(30),              //第五字段，居住城市
        Primary Key(id));           //序号字段为主键
```

(2) 当表建立成功后就可以添加数据。在该表中由于 ID 字段被设置为自动增长属性，所以只需要添加其他三个字段内容即可，通过 SQL 语句向该表插入数据：

  insert into Persons(LastName, FirstName, Address, City) values("Adams", "Zhang", "Yanta Street", "Xi An")

同时插入多条数据：

  insert into Persons(LastName, FirstName, Address, City) values("Bush", "Li", "Centruy Avenue", "Shang Hai"), ("Carter", "Wang","Changan Street", "BeiJing")

(3) 可以通过选择语句从表中读取指定的数据，例如选取 LastName 列的数据：

  SELECT LastName FROM Students

结果集类似这样：

LastName
Adams
Bush
Carter

如果要选择 FirstName = Bush：

  SELECT * FROM Persons where FirstName = "Bush"

结果集类似这样：

Id	LastName	FirstName	Address	City
2	Bush	Li	Century Avenue	Shang Hai

(4) 当发现存在不合理的数据时应该删除该记录，例如，删除 LastName = Bush：

  DELETE FROM Persons WHERE LastName = "Bush"

如果要删除所有记录，则：

  DELETE FROM Persons;

10.2 MySQL 数据库

10.2.1 MySQL

在本书例程中采用 MySQL 数据库管理系统软件。MySQL 是一个小型关系型数据库管理系统，开发者为瑞典 MySQLAB 公司，由于其体积小、速度快、总体拥有成本低，尤其是开放源码这一特点，许多中小型网站为了降低网站总体成本而选择了 MySQL 作为网站数据库。MySQL 的官方网站的网址是：www.MySQL.com。

与其他的大型数据库例如 Oracle、DB2、SQL Server 等相比，MySQL 有它的不足之处，如规模小、功能有限等，但是这丝毫也没有减少它受欢迎的程度。对于一般的个人使用者和中小型企业来说，MySQL 提供的功能已经绰绰有余，而且由于 MySQL 是开放源码软件，

因此可以大大降低总体拥有成本。在各大下载网站均可免费下载 MySQL，其当前最新版本为 MySQL 5.1.46。

在 Windows 环境下安装，可选 MySQL 稳定版本 MySQL-5.0.67-win32.zip，安装步骤简单，容易入手，如图 10-1 所示。

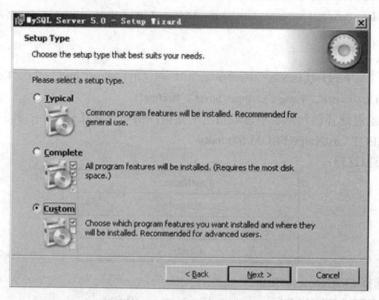

图 10-1　MySQL 安装主界面

但需要注意配置 MySQL 服务端口、支持的字体编码和管理员密码。其默认服务端口 3306，可改为自定义的端口，如图 10-2 所示。

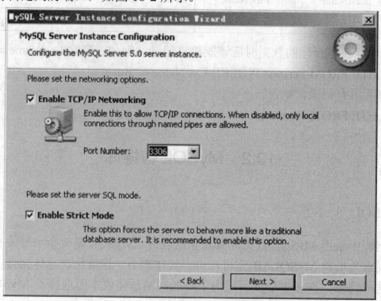

图 10-2　设置服务端口

其默认字体编码 Latin1，需要修改为 UTF-8，以便支持多国文字，即选择图 10-3 中第 2 项，或者在第 3 项中的 Character Set 中选择"UTF-8"，如图 10-3 所示。

第 10 章　数据库访问

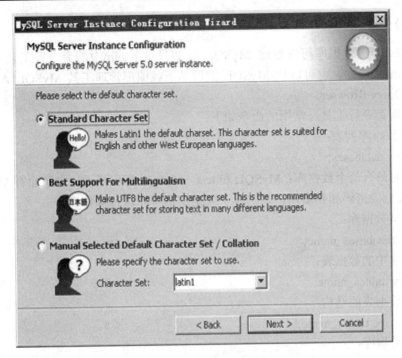

图 10-3　设置默认字符集

MySQL 安装完毕后，下载数据库驱动类库 MySQL-connector-java-5.1.7-bin.jar，并将其复制到 Java 安装路径，例如：安装路径为 C:\Program Files\Java\jdk1.5.0_02\lib。然后在 JCreator 编译环境中添加该数据库连接文件的存储路径，如图 10-4 所示。

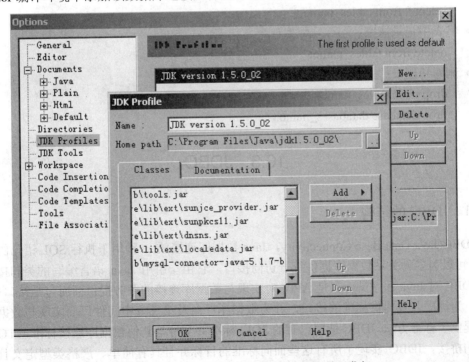

图 10-4　在 JCreator 中引入 MySQL 连接工具开发包

10.2.2 MySQL 常用命令

管理 MySQL 数据库可以通过 MySQL 安装目录下\bin\中的命令行工具 MySQL 和 MySQLadmin 来进行，也可以从 MySQL 的网站下载图形管理工具 MySQL Administrator 和 MySQL Query Browser。

如果使用命令行工具，常用的命令如下：

- 显示数据库列表：

    show databases;

刚开始时只有两个数据库：MySQL 和 test。MySQL 库很重要，它里面有 MySQL 的系统信息，我们改密码和新增用户，实际上就是用这个库进行操作。

- 使用某数据库：

    use databases_name;

- 显示库中的数据表：

    show tables_name;

- 显示数据表的结构：

    describe tables_name;

- 建立数据库：

    create database databases_name;

- 建立数据表：

    create table tables_name (字段设定列表);

- 显示表中的记录：

    select * from tables_name;

- 将表中记录清空：

    delete from tables_name;

- 删库和删表：

    drop table tables_name;

    drop database databases_name;

10.3 JDBC

10.3.1 JDBC 的结构

JDBC(Java Data Base Connectivity，Java 数据库连接)是一种用于执行 SQL 语句的 Java API，可以为多种关系数据库提供统一访问接口，它由一组用 Java 语言编写的类和接口组成。JDBC 对 Java 程序员而言是 API，对实现与数据库连接的服务提供商而言是接口模型。JDBC 为程序开发提供标准的接口，并为数据库厂商及第三方中间件厂商实现与数据库的连接提供了标准方法。JDBC 使用已有的 SQL 标准并支持与其他数据库连接标准，如 ODBC 之间的桥接。JDBC 实现了所有这些面向标准的目标并且具有简单、严格类型定义且高性能实现的接口。JDBC 的结构如图 10-5 所示。

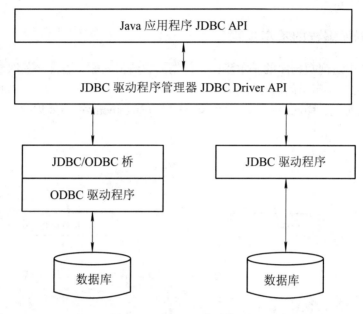

图 10-5　JDBC 层次结构

在 JDBC 体系结构中包含两个层次：
● JDBC API 和 JDBC 驱动程序管理器 API 通信，向它发送各种不同的 SQL 语句。
● 驱动程序管理器和各种不同的第三方驱动程序通信，完成数据库连接，返回查询信息或执行查询语句指定的操作。

JDBC 扩展了 Java 的功能。例如，用 Java 和 JDBC API 可以发布含有 applet 的网页，而该 applet 使用的信息可能来自远程数据库。企业也可以用 JDBC 通过 Intranet 将所有职员信息存储到一个或多个内部数据库中。

10.3.2　JDBC 的驱动程序

目前比较常见的 JDBC 驱动程序可分为以下四个种类：

(1) JDBC-ODBC 桥加 ODBC 驱动程序。JavaSoft 桥产品利用 ODBC 驱动程序提供 JDBC 访问。注意，必须将 ODBC 二进制代码加载到使用该驱动程序的每个客户机上。因此，这种类型的驱动程序最适合于企业网，或者是用 Java 编写的三层结构的应用程序服务器代码。

(2) 本地 API。这种类型的驱动程序把客户机 API 上的 JDBC 调用转换为 Oracle、Sybase、Informix、DB2 或其他 DBMS 的调用。注意，像桥驱动程序一样，这种类型的驱动程序要求将某些二进制代码加载到每台客户机上。

(3) JDBC 网络纯 Java 驱动程序。这种驱动程序将 JDBC 转换为与 DBMS 无关的网络协议，之后这种协议又被某个服务器转换为一种 DBMS 协议。这种网络服务器中间件能够将它的纯 Java 客户机连接到多种不同的数据库上。所用的具体协议取决于提供者，所以，这是最为灵活的 JDBC 驱动程序。

(4) 本地协议纯 Java 驱动程序。这种类型的驱动程序将 JDBC 调用直接转换为 DBMS

所使用的网络协议。这将允许从客户机上直接调用 DBMS 服务器,是 Intranet 访问的一个很实用的解决方法。

10.3.3 数据库编程的基本步骤

在 JDBC 中访问数据库的基本步骤:首先加载数据库驱动程序,其次建立数据库连接,接下来执行 SQL 语句访问数据库,然后处理结果集,最后关闭结果集,并断开连接。所以,JDBC 由一系列连接(Connection)、SQL 语句声明(Statement)和结果集(ResultSet)构成,如图 10-6 所示。

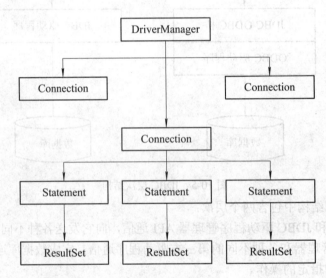

图 10-6 JDBC 结构

1. JDBC URL

在加载数据库驱动程序时需要对网络上的数据库进行定位。JDBC URL 提供了一种标识数据库的方法,可以使相应的驱动程序能识别该数据库并与之建立连接。其作用是提供某些约定,驱动程序编程员在构造他们的 JDBC URL 时应该遵循这些约定。由于 JDBC URL 要与各种不同的驱动程序一起使用,因此这些约定应非常灵活。

● 首先,它们应允许不同的驱动程序使用不同的方案来命名数据库。例如,odbc 子协议允许(但并不是要求)URL 含有属性值。

● 其次,JDBC URL 应允许驱动程序编程员将一切所需的信息编入其中。这样就可以让要与给定数据库对话的 applet 打开数据库连接,而无须要求用户去做任何系统管理工作。

● 最后,JDBC URL 应允许某种程度的间接性。也就是说,JDBC URL 可指向逻辑主机或数据库名,而这种逻辑主机或数据库名将由网络命名系统动态地转换为实际的名称。

JDBC URL 的标准语法如下:

　　JDBC:<子协议><子名称>

它由三部分组成,各部分间用冒号分隔。JDBC URL 的三个部分可分解如下:

● JDBC 协议:JDBC URL 中的协议总是"JDBC"。

● <子协议>:驱动程序名或数据库连接机制(这种机制可由一个或多个驱动程序支持)

的名称。子协议名的典型示例是"odbc",该名称是为用于指定 ODBC 风格的数据资源名称的 URL 专门保留的。例如,为了通过 JDBC-ODBC 桥来访问某个数据库,可以用如下所示的"JDBC:odbc:fred"。本例中,子协议为"odbc",子名称"fred"是本地 ODBC 数据资源。如果要用网络命名服务(这样 JDBC URL 中的数据库名称不必是实际名称),则命名服务作为子协议,例如,"JDBC:dceNaming:accounts"。

- <子名称>:一种标识数据库的方法。子名称可以依不同的子协议而变化。它还可以有子名称的子名称(含有驱动程序编程员所选的任何内部语法)。使用子名称的目的是为定位数据库提供足够的信息。若数据库是通过 Internet 来访问的,则必须遵循如下的标准 URL 命名约定: //主机名:端口/子协议。假设"dbnet"是个用于将某个主机连接到 Internet 上的协议,则为"JDBC:dbnet://wombat:356/fred"。

2. DriverManager 类

当明确了数据库的 URL 后,用户还需要安装与指定数据库相应的驱动程序。在 Java 语言中,DriverManager 类负责加载和注册 JDBC 驱动程序,管理应用程序和已注册的驱动程序的连接。加载和注册驱动程序使用 Class 类的 forName 方法,装载驱动程序只需要非常简单的一行代码。例如,若要使用 JDBC-ODBC 桥驱动程序,可以用下列代码装载它:

　　Class.forName("sun.JDBC.odbc.JdbcOdbcDriver");

驱动程序文档将提示应该使用的类名。例如,如果类名是 JDBC.DriverXYZ,那么将用以下代码装载驱动程序:

　　Class.forName("JDBC.DriverXYZ");

不需要创建一个驱动程序类的实例并且用 DriverManager 登记它,因为调用 Class.forName 将自动加载驱动程序类。如果你曾自己创建实例,你将创建一个不必要的副本,但它不会带来什么坏处。加载 Driver 类后,它们即可用来与数据库建立连接。

3. Connection 接口

Connection 接口负责维护 Java 应用程序与数据库之间的连接。用适当的驱动程序类与 DBMS 建立一个连接。下列代码是一般的做法:

　　Connection con = DriverManager.getConnection(url, "user", "Password");

在这里 url 是关键。如果你正在使用 JDBC-ODBC 桥,JDBC URL 将以 JDBC:odbc 开始,余下 URL 通常是你的数据源名或数据库系统名。因此,假设你正在使用 ODBC 存取一个叫"Fred"的 ODBC 数据源,你的 JDBC URL 是 JDBC:odbc:Fred 。把"user"及"Password"替换为你登录 DBMS 的用户名及口令。如果你登录数据库系统的用户名为"Fernanda",口令为"J8",只需下面的 2 行代码就可以建立一个连接:

　　String url = "JDBC:odbc:Fred";
　　Connection con = DriverManager.getConnection(url,"Fernanda", "J8");

如果你使用了第三方 JDBC 驱动程序,程序文档将告诉你该使用什么子协议,就是在 JDBC URL 中放在 JDBC 后面的部分。例如,如果驱动程序开发者注册了 acme 作为子协议,JDBC URL 的第一和第二部分将是 JDBC:acme。JDBC URL 最后一部分提供了定位数据库的信息。

如果装载的驱动程序识别了提供给 DriverManager.getConnection 的 JDBC URL,那么

驱动程序将根据 JDBC URL 建立一个到指定 DBMS 的连接。DriverManager 类在后台管理建立连接的所有细节。程序员在此类中直接使用唯一方法 DriverManager.getConnection()。该方法返回一个打开的连接，你可以使用此连接创建 JDBC statements 并发送 SQL 语句到数据库。

所以，JDBC 连接数据库的准备工作分三个步骤，分别是：

(1) 加载驱动程序。

  Class.forName("sun.JDBC.odbc.JdbcOdbcDriver");

(2) 创建指定数据库的 URL。

  String url = "JDBC:odbc:fred";

(3) 建立数据库连接。

  DriverManager.getConnection(url, "userID", "password");

例如：

```
import java.sql.*;
//定义连接字串，LibrarySQLServer 是 ODBC 数据源名
String url="JDBC:odbc:LibrarySQLServer";
Connection con = null;                    //建立连接类
try{
    //告诉程序使用 JDBC 与 ODBC 桥创建数据库连接
     Class.forName("sun.JDBC.odbc.JdbcOdbcDriver");
    //使用 DriverManager 类的 getConnection()方法建立连接，
    //第一个字符参数定义用户名，第二个字符参数定义密码
    con=DriverManager.getConnection(url,"","");
}catch(Exception e){ }
```

又例如：

```
//加载数据库驱动
    Class.forName("com.MySQL.JDBC.Driver");
    //连接数据库，IP 地址:3306(是端口): 数据库名
    String url = "JDBC:MySQL://10.10.2.188:3306/bbs";
    // root 是用户名，123456 是密码
    Connection con = DriverManager.getConnection(url, "root", "123456");
    //声明 SQL 语句执行实例对象
    Statement stat= con.createStatement();
```

4. Statement 类和接口，以及 PreparedStatement 接口

数据库连接完毕，接下来创建 SQL 语句执行实例对象，预备进行数据库的维护。在 Java 中，定义了三种类，来分别执行不同的 SQL 语句：

- Statement：执行简单的无参数的 SQL 语句；
- PrepareStatement：采用预编译的 Statement，用于执行带参数的 SQL 语句；
- CallableStatement：执行数据库存储过程的调用。

例如：

　　Statement stmt = con.createStatement();

创建 JDBC Statements 对象，Statement 对象用于把 SQL 语句发送到 DBMS。需要创建一个 Statement 对象并且执行它。Statement 对象有三个常用的方法，分别是：

● ResultSet executeQuery(String sql) throws SQLException：执行一条 SELECT 语句，返回查询结果集；

● Int executeUpdate(String sql) throws SQLException：执行 INSERT \ UPDATE \ DELETE 语句，返回操作成功的记录数；

● Void close() throws SQLException：释放 Statement 对象的数据库和 JDBC 资源。

对 SELECT 语句来说，可以使用 executeQuery()方法。要创建或修改表的语句，使用的方法是 executeUpdate()。

需要一个活跃的连接的来创建 Statement 对象的实例。例如，使用 Connection 对象 con 创建 Statement 对象 stmt：

　　Statement stmt = con.createStatement();

到此 stmt 已经存在了，但它还没有把 SQL 语句传递到 DBMS。我们需要提供 SQL 语句作为参数提供给我们使用的 Statement 的方法。

例如，在下面的代码段里，使用上面例子中的 SQL 语句作为 executeUpdate 的参数：

　　stmt.executeUpdate("create table Persons " +
　　"(id int auto_increment, LastName char(20) not null, FirstName char(20) not null,
　　Address varchar(50), City char(30)，Primary Key(id)");

SQL 准备完毕就该执行语句，我们使用 executeUpdate()方法是因为其中的 SQL 语句是 DDL(数据定义语言)语句。创建表、改变表、删除表都是 DDL 语句，要用 executeUpdate() 方法来执行。方法 executeUpdate()也被用于执行更新表 SQL 语句。实际上，相对于创建表来说，executeUpdate()用于更新表的时间更多，因为表只需要创建一次，但经常被更新。使用最多的执行 SQL 语句的方法是 executeQuery()。例如：

　　//加载数据库驱动
　　Class.forName("com.MySQL.JDBC.Driver");
　　//连接数据库，IP 地址: 3306(是端口): 数据库名
　　String url = "JDBC:MySQL://10.10.2.188:3306/bbs";
　　// root 是用户名, 123456 是密码
　　Connection con = DriverManager.getConnection(url, "root","123456");
　　//声明 SQL 语句执行实例对象
　　Statement stat= con.createStatement();
　　stat.executeQuery("select * from Students where id = 1");

在 Java 语言中，PreparedStatement 是 Statement 的子接口，两者功能相似。如果某 SQL 指令被执行多次，PreparedStatement 的效率比 Statement 高，且 PreparedStatement 可以给 SQL 指令传递参数。例如：

　　//加载数据库驱动

```
Class.forName("com.MySQL.JDBC.Driver");
//连接数据库,IP 地址:3306(是端口): 数据库名
String url = "JDBC:MySQL://10.10.2.188:3306/bbs";
// root 是用户名, 123456 是密码
Connection con = DriverManager.getConnection(url, "root", "123456");
//声明 SQL 语句执行实例对象
String sql = "select * from Students where id = ? and firstName = ? ";
PreparedStatement stat= con.preparedStatement(sql);
stat.setInt(1, 1);
stat.setString(2, "Li");
stat.executeQuery();
```

5. ResultSet 接口

ResultSet 接口用于通过 statement 或 preparedStatement 调用 excuteQuery()方法后,存储返回的查询结果集。其常用的读取数据的方法如表 10-1 所示。

表 10-1 ResultSet 中常用的方法

方法	作用
boolean getBoolean(ind idx)	获得给第 idx 列的值,类型为 boolean
byte getByte (ind idx)	获得给第 idx 列的值,类型为 byte
Date getDate(ind idx)	获得给第 idx 列的值,类型为 Date
double getDouble(ind idx)	获得给第 idx 列的值,类型为 double
float getFloat(ind idx)	获得给第 idx 列的值,类型为 float
int getInt(ind idx)	获得给第 idx 列的值,类型为 int
long getLong(ind idx)	获得给第 idx 列的值,类型为 long
String getString(ind idx)	获得给第 idx 列的值,类型为 String
Time getTime(ind idx)	获得给第 idx 列的值,类型为 Time

例如:

```
Class.forName("com.MySQL.JDBC.Driver");
String url = "JDBC:MySQL://10.10.2.188:3306/bbs";
Connection con = DriverManager.getConnection(url, "root","123456");
String sql = "select * from Students";
PreparedStatement stat= con.preparedStatement(sql);
ResultSet rs = stat.executeQuery();
while(rs.next()){
    System.out.print("ID="+ rs.getInt("id"));
    System.out.print("LastName="+rs.getString("lastname"));
    System.out.print("FirstName="+rs.getString("firstname"));
```

}
stat.close();
con.close();

10.4 数据库的维护

当前的主流数据库为关系类型数据库，均支持 SQL，完成对表进行 Insert、Update、Delete、Select、Modify、Truncate、Create、Drop 等维护操作。基本掌握了 SQL 后，就可以通过数据库管理平台，直接进行数据的操作。

10.4.1 数据的添加

当在指定的数据库内建立了相应的数据表，就需要向该表中添加数据。在表中插入一条新的记录的语法如下：

  insert into 表名称 (字段名 1，字段名 2，…) values(值 1，值 2,…)

向表中添加数据有以下规则：

(1) values 中值的类型必须和字段类型保持一致；
(2) 如果值包括了所有字段，则可不必列出字段名称，依次按表中字段顺序赋值；
(3) 如果表中某第一个字段具有自动增加属性，则可不必写主键字段名，会自动填写；
(4) 可以不必列出所有表中字段，但必须列出表中属性不为空的字段；
(5) 需要同时插入多条记录，可以在 values 后跟多个记录集合。

例如，有表结构如

```
create table Persons(
    id int auto_increment,              //第一个字段，自动增长记录行序号
    LastName char(20) not null,         //第二字段，名
    FirstName char(20) not null,        //第三字段，姓
    Address varchar(50),                //第四字段，联系住址
    City char(30),                      //第五字段，居住城市
    Primary Key(id));                   //序号字段为主键
```

则考查以下 SQL 语句：

  Insert into Persons(id，LastName，FirstName，Address，City) values(1, "Nick", "Bush","First Street No.1", "New York")　正确

  Insert into Persons(id，LastName，FirstName，Address，City) values(1, 123, "Bush","First Street No.1", "New York") 错误，因为对应 LastName 字段应该为字符串类型，使用单引号或者双引号包括：

  Insert into Persons values(1, "Mark", "Johns", "Chang An Avenve", "Xi'an")　正确

  Insert into Persons values("Mark", 1, "Johns", "Chang An Avenve", "Xi'an") 错误，字段顺序不一致，序号值排到了第 2 个位置

  Insert into Persons(LastName，FirstName，Address，City) values("Mofy", "Bush","First Street No.1", "BeiJing")　正确

Insert into Persons(FirstName, Address) values("Zhang", "He Bei ")错误，没有列出 LastName 字段，该字段内容不能为空

Insert into Persons(id，LastName，FirstName，Address，City) values(8, "yu", "Guan", "zhuo zhou", "He Bei")(9, "bei", "Liu", "zhuo zhou", "He Bei")　正确

Insert into Persons(LastName，FirstName) values(12，"ren", "Cao")(13，"yuan", "XiaHou")　正确

在 JDBC 中为了实现以上 SQL 语句，需要调用 Statement.executeUpdate()方法，该方法的返回值为整数，表示因该 SQL 语句执行而插入的数据记录行数，例如：

Statement stat= con.createStatement();

String sql = "Insert　into Persons(id，LastName，FirstName，Address，City) values(1, 'Nick', 'Bush', 'First Street No.1', 'New York') ";

int i = stat.executeUpdate(sql);

10.4.2　数据的删除

当数据表中某些数据不再需要，如发现该数据错误，可以利用 SQL 语句删除该数据，语法如下：

delete from　数据表名　where　删除条件

例如：

delete from Persons where id = 1

delete from Persons where FirstName = "Cao"

delete from Persons where City like "He%"

delete from Persons where LastName = "yu" and FirstName = "Guan"

delete from Persons where FirstName = "Cao" or FirstName = "XiaHou"

在 JDBC 中为了实现以上 SQL 语句，需要调用 Statement.executeUpdate()方法，该方法的返回值为整数，表示因该 SQL 语句执行而删除的数据记录行数，例如：

Statement stat= con.createStatement();

String sql = "delete from Persons where FirstName = 'Cao' ";

int i = stat.executeUpdate(sql);

10.4.3　数据的修改

当数据表中某些数据错误时，可利用 SQL 语句修改，语法如下：

update 数据表名 set 字段名=值　where　修改条件

在修改数据时有如下规则：
- 若字段被标识为自增字段，则修改无效；
- 若字段是主键，则修改后的取值不能和表中相同字段值相同；
- 不能将非空的字段设置为 Null。

例如：

update Persons set City = "Xi'an" //修改所有记录

update Persons set City = "Ji Nan" where FirstName = "Liu"

update Persons set Address = "the Center Road", City = "Bei Jing" where FirstName = "Liu"

在 JDBC 中为了实现以上 SQL 语句，需要调用 Statement.executeUpdate()方法，该方法的返回值为整数，表示因该 SQL 语句执行而修改的数据记录行数，例如：

Statement stat= con.createStatement();
String sql = "update Persons set City = 'Ji Nan' where FirstName = 'Liu' ";
int i = stat.executeUpdate(sql);

10.5 数据库查询

查询操作是数据库的基本操作，一个数据库应用中 80%的工作量是完成了查询操作。

10.5.1 数据库的查询方法

实现查询数据的 SQL 语法如下：
Select 字段 1[，字段 2] from 数据表名 where 查询条件 order by 字段名

在该语句中，需要给出查询结果的字段集合，多个字段之间使用","间隔，如要需要查询所有字段使用"*"来代替；查询的结果可以根据"order by"所指定的顺序给出。
例如：

Select * from Persons
Select * from Persons where id = 1
Select FirstName, LastName from Persons where id = 1
Select * from Persons where id = 1 and id = 2
Select * from Persons where LastName like "c%"
Select * from Persons order by id
Select FirstName, LastName, Address, City from Persons where City = "Bei Jing" order by FirstName
Select count(*) as a from Persons
Select count(*) as a from Persons where City="Bei Jing"

在 JDBC 中为了实现以上 SQL 语句，需要调用 Statement.executeQuery()方法，该方法的返回值为查询结果集(ResultSet)，表示因该 SQL 语句执行获得的数据记录集合，例如：

Statement stat= con.createStatement();
String sql = " Select FirstName, LastName from Persons where id = 1";
ResultSet rs = stat.executeQuery(sql);

10.5.2 PreparedStatement 类

Java 中的 PreparedStatement 接口继承了 Statement。由于 PreparedStatement 对象已预编译过，所以其执行速度要快于 Statement 对象。因此，多次执行的 SQL 语句经常创建为 PreparedStatement 对象，以提高效率。

PreparedStatement 实例包含已编译的 SQL 语句。这就是使语句"准备好"。包含于

PreparedStatement 对象中的 SQL 语句可具有一个或多个插入参数。IN 参数的值在 SQL 语句创建时未被指定。相反的，该语句为每个插入参数使用一个问号（"？"）作为占位符。每个问号的值必须在该语句执行之前，通过适当的 setXXX()方法来提供，常用的方法如表 10-2 所示。

表 10-2　PreparedStatement 中的常用 set 方法

方　　法	作　　用
void setBoolean(ind idx, Boolean x)	给 idx 参数设置 boolean 类型值
void setByte (ind idx, Byte x)	给 idx 参数设置 byte 类型值
void setDate(ind idx, Date x)	给 idx 参数设置 Date 类型值
void setDouble(ind idx, Double x)	给 idx 参数设置 double 类型值
void setFloat(ind idx, Float x)	给 idx 参数设置 float 类型值
void setInt(ind idx, Int x)	给 idx 参数设置 int 类型值
void setLong(ind idx, Long x)	给 idx 参数设置 long 类型值
void setString(ind idx, String x)	给 idx 参数设置 String 类型值
void setTime(ind idx, Time x)	给 idx 参数设置 Time 类型值

例如：

　　PreparedStatement pstmt = con.preparedStatement("Insert into Student(Id, Name) values(?, ?) ");

　　Pstmt.setInt(1,10);

　　Pstmt.setString(2, "张三");

　　Pstmt.executeUpdate()

以上语句等效于：

　　Statement stmt = con.createStatement();

　　Int i = stmt.executeUpdate ("Insert into Student(Id, Name) values(10, '张三') ");

对查询语句使用 PreparedStatement，例如：

　　PreparedStatement stat= con.preparedStatement();

　　String sql = " Select FirstName, LastName from Persons where id = ? ";

　　Pstmt.setInt(1, 1);

　　ResultSet rs = Pstat.executeQuery(sql);

10.6　数据库操作实例

本节在以前章节的基础上设计一个简单的数据库应用。

【例 10-1】 假设有一个学校学生的课程成绩登记数据库。在经过一系列简化后，需要设计 3 个数据表来实现功能，分别为学生信息表、课程信息表和课程成绩表。下面从头开始设计这个功能。

首先，设计这三个数据表，如下所示：

第 10 章 数据库访问

- 学生信息

序号	姓名	生日	住址	专业

- 学生课程成绩

序号	学生	课程	成绩

- 课程信息

序号	课程名	开课学期	学分	学时

其次，确定本应用中实现三个功能：学生信息管理，课程信息管理，学生课程成绩管理。

最后，确定所使用的数据库，本例中采用 MySQL5 数据库，使用 JDBC 连接。安装相应的应用软件和开发工具包后，执行以下操作：

- 启动 MySQL 数据库服务器

    net start MySQL

- 连接 MySQL 数据库

    user:>root   //假设数据库用户名为 root

    password:>123456   //假设数据库用户名为 root，密码为 123456

- 创建数据库

    create database stuDB;

- 使用新创建的数据库

    use stuDB;

- 分别创建 3 个表

```
create table student(
id int auto_increment,           //序号
name char(10) not null,          //学生姓名
birth char(10),                  //生日
major char(20),                  //专业
address char(50),                //住址
primary key(id)                  //主键
)
create table course(
id int auto_increment,
name char(10) not null,          //课程名
term int,                        //开课学期
mark int,                        //学分
lessons int,                     //学时
primary key(id)
)
create table score(
```

```
    id int auto_increment,
    stuName char(10) not null,      //学生序号
    couName char(10),               //课程序号
    mark float,                     //考核成绩
    primary key(id)
)
```

- 分别插入实验数据(因为各表的 id 字段均为自增字段,所以没有必要填写)。
    insert into student values("Mark", "1990-01-01","computer", "BeiJing");
    insert into course values("Java Programm", 4, 4, 64);
    insert into score values("Mark", "Java Program", 80);

有了基础的数据,程序设计部分设计两个类,分别是通用的数据访问类 accessDB 和主类 StuInfo。

【例 10-2】 实现访问数据库的 Bean。

```
1.  package studentDB;
2.  import java.sql.*;
3.  import java.util.*;
4.  import java.io.*;
5.  public class accessDB{
6.      String DBDriver = "com.MySQL.jdbc.Driver";
7.      String ConnStr = "jdbc:MySQL://localhost:3306/stuDB?autoReconnect=true" +
                "&useUnicode=true&characterEncoding=GBK";
8.      Connection con = null;
9.      ResultSet rs =null;
10.     public accessDB(){
11.         try{
12.             Class.forName(DBDriver);
13.             con = DriverManager.getConnection(ConnStr, "root" ,"123456");
14.         }catch(Exception e){
15.             System.err.println(e.toString());
16.         }
17.     }
18.     public ResultSet executeQuery(String sql){
19.         rs = null;
20.         try{
21.             Statement stmt = con.createStatement();
22.             rs = stmt.executeQuery(sql);
23.         }catch(SQLException e){
24.             System.err.println(e.toString());
25.         }
```

```
26.        return rs;
27.    }
28.    public String executeUpdate(String sql){
29.        try{
30.            Statement stmt = con.createStatement();
31.            stmt.executeUpdate(sql);
32.            rs = stmt.executeQuery("select last_insert_id() as rowId");
33.            int rowId=0;
34.            while(rs.next()){
35.                rowId = rs.getInt("rowId");
36.            }
37.            return String.valueOf(rowId);
38.        }catch(SQLException e){
39.            System.err.println(e.toString());
40.            return e.toString();
41.        }
42.    }
43.    public void close(){
44.        rs = null;
45.        try{
46.            con.commit();
47.            con.close();
48.        }catch(Exception e){
49.            System.err.println(e.toString());
50.        }
51.    }
52. }
```

代码注释如下：

① 第 2~4 行引用必要类库包；

② 第 6 行指明数据库驱动 com.MySQL.jdbc.Driver；

③ 第 7 行设定需要连接的目标数据库 "jdbc:MySQL://localhost:3306/stuDB"；

④ 第 8 行声明数据库连接对象 con；

⑤ 第 9 行声明数据集对象 rs；

⑥ 第 12 行加载数据库驱动；

⑦ 第 13 行连接目标数据库，并提供用户名 "root" 和密码 "123456"；

⑧ 第 18~27 行实现查询记录操作，其中第 21 行声明语法对象 stmt，第 22 行通过 stmt.executeQuery(sql) 执行查询 SQL 语句，所得到的查询结果保存在 rs 中；

⑨ 第 28~42 行实现修改记录操作，其中第 30 行声明语法对象 stmt，第 31 行通过 stmt.executeUpdate(sql) 执行修改 SQL 语句，第 32 行得到修改的记录行号并返回；

⑩ 第43～51行关闭数据库连接。

【例10-3】 在StuInfo类中，实现一个简单的数据库操作功能。

```java
1.   package studentDB;
2.   import java.io.*;
3.   import java.sql.*;
4.   public class stuInfo{
5.     public stuInfo(){
6.       System.out.println("选择功能选择相应数字键：");
7.       System.out.println("1.输入学生信息");
8.       System.out.println("2.输入课程信息");
9.       System.out.println("3.输入成绩信息");
10.      System.out.println("4.查询学生信息");
11.      System.out.println("5.查询课程信息");
12.      System.out.println("6.查询成绩信息");
13.      System.out.println("0.退出");
14.      try{
15.        char c= (char)System.in.read();    //功能选择
16.        switch(c){
17.          case 1:         //输入学生信息
18.            inputStudentInfo();           break;
19.          case 2:         //输入课程信息
20.            inputCourseInfo();            break;
21.          case 3:         //输入成绩信息
22.            inputScoreInfo();             break;
23.          case 4:         //查询学生信息
24.            searchStuInfo();              break;
25.          case 5:         //查询课程信息
26.            searchCourseInfo();           break;
27.          case 6:         //查询成绩信息
28.            searchScoreInfo();            break;
29.          case 0:         //输入退出命令
30.            System.exit(0);               break;
31.          default:
32.            break;
33.        }
34.      }catch(Exception e){
35.        System.err.println(e.toString());
36.      }
37.    }
```

```
38.    public void inputStudentInfo(){
39.        BufferedReader br = new BufferedReader(new InputStreamReader(System.in));
40.        accessDB db = new accessDB();
41.        String sql;
42.        System.out.println("请按指定格式输入学生信息");
43.        System.out.print("姓名：");
44.        String stuName = br.readLine();
45.        System.out.print("生日：");
46.        String birth = br.readLine();
47.        System.out.print("专业：");
48.        String major = br.readLine();
49.        System.out.print("住址：");
50.        String address = br.readLine();
51.        System.out.println("正在存储...");
52.        sql = "insert into student(name, birth, major, address) values('" + name +"','" + birth +
                "','" + major +"','" + address + "')";
53.        db.executeUpdate(sql);
54.        System.out.println("存储结束...");
55.    }
56.    public void inputScoreInfo(){
57.        BufferedReader br = new BufferedReader(new InputStreamReader(System.in));
58.        accessDB db = new accessDB();
59.        String sql;
60.        System.out.println("请按指定格式输入成绩信息");
61.        System.out.print("姓名：");
62.        String stuName = br.readLine();
63.        System.out.print("课程：");
64.        String couName = br.readLine();
65.        System.out.print("成绩：");
66.        //因为通过键盘输入字符串形式，所以要强制转换为整数
67.        int score = Integer.parseInt(br.readLine());
68.        System.out.println("正在存储...");
69.        sql = "insert into score(stuName, couName, score) values('" + stuName +"','" +
                couName +"'," + score +")";
70.        db.executeUpdate(sql);
71.        System.out.println("存储结束...");
72.    }
73.    public void searchScoreInfo(){
74.        BufferedReader br = new BufferedReader(new InputStreamReader(System.in));
```

```
75.         accessDB db = new accessDB();
76.         String sql;
77.         System.out.println("请按指定格式输入成绩信息查询条件");
78.         //在本例中以学生的姓名作为成绩的查询条件
79.         System.out.print("姓名：");
80.         String stuName = br.readLine();
81.         System.out.println("正在查询...");
82.         //为了可以查询出所有匹配的记录，采用了 like 这个匹配符号
83.         sql = "select * from score where stuName like '" + stuName + "%'";
84.         ResultSet rs = db.executeQuery(sql);
85.         System.out.println("序号\t 姓名\t 课程\t 成绩");
86.         while(rs.next()){
87.             System.out.print(rs.getInt("id")+'\t');
88.             System.out.print(rs.getString("stuName")+'\t');
89.             System.out.print(rs.getString("couName")+'\t');
90.             System.out.println(rs.getInt("mark"));
91.         }
92.         System.out.println("查询结束...");
93.     }
94.     public void inputCourseInfo(){     }
95.     public void searchStudentInfo(){     }
96.     public void searchCourseInfo(){     }
97.     public static void main(String [] args){
98.         stuInfo stu = new stuInfo();
99.     }
100. }
```

代码注释如下：

① 第 5~37 行构造主界面；
② 第 38~55 行输入学生信息的方法 inputStudentInfo()；
③ 第 56~72 行输入学生成绩的方法 inputScoreInfo()；
④ 第 73~93 行查询学生信息的方法 searchScoreInfo()。

习 题 10

1. 什么是数据库？其发展历史是怎么样的？
2. 举出当前常用的数据库软件产品及其生产厂商。
3. 什么是 SQL？
4. 写出 SQL 中关于查询记录的语法。

5．写出 SQL 中关于插入记录的语法。

6．写出 SQL 中关于修改记录的语法。

7．写出 SQL 中关于删除查询的语法。

8．什么是 JDBC？它和 ODBC 的联系是什么？

9．在 Java 中实现数据库连接的步骤是什么？

10．在 Java 中 statement 的作用是什么？其主要方法 executeQuery()和 executeUpdate()的作用分别是什么？

11．在 Java 中 preparedStatement 与 statement 相比，其优点在哪里？

12．在例 10-2 中实现学生信息输入，添加课程信息输入方法。模仿成绩查询，添加学生信息查询和课程信息插入功能。

13．在例 10-2 中增加学生、课程、成绩修改的菜单选项，并增加相应功能。

第 11 章 常用工具

本章介绍在 Java 网络程序开发时用到的工具软件，其中 JDK 是必备的开发工具，JCreator 是一个小巧快速的 Java 程序编辑和运行集成工具，WireShark 是常用的网络流量监听工具。

11.1 Java 开发工具

11.1.1 JDK 的历史

Java Development Kit (JDK)是 Sun MicroSystems 针对 Java 开发人员发布的免费软件开发工具包(Software Development Kit，SDK)。2006 年 Sun 公司宣布将发布基于 GPL 协议的开源 JDK，使 JDK 成为自由软件。在去掉了少量闭源特性之后，Sun 公司最终促成了基于 GPL 协议的 Open JDK 的发布。

JDK 是整个 Java 的核心，包括了 Java 运行环境、Java 工具和 Java 基础的类库。自从 1995 年 Java 推出以来，JDK 已经成为使用最广泛的 Java SDK，其发展过程如下：

(1) 1995 年正式发布 JDK 第一个版本。

(2) 1997 年 Servlet 技术与 JSP 的产生，使 Java 可以对抗 PHP，ASP 等服务器端语言。1998 年，Sun 发布了 EJB 1.0 标准，至此 J2EE 平台的三个核心技术都已经出现。1999 年，Sun 正式发布了 J2EE 的第一个版本，并于 1999 年底发布了 J2EE 1.2。

(3) 在 2001 年发布了 J2EE 1.3 架构，其中主要包含了 Applet 容器、Application Client 容器、Web 容器和 EJB 容器，并且包含了 Web Component、EJB Component、Application Client Component，以 JMS、JAAS、JAXP、JDBC、JAF、JavaMail、JTA 等技术做为基础。J2EE 1.3 中引入了几个值得注意的功能：Java 消息服务(定义了 JMS 的一组 API)；J2EE 连接器技术(定义了扩展 J2EE 服务到非 J2EE 应用程序的标准)；XML 解析器的一组 Java API；Servlet 2.3，JSP 1.2 也都进行了性能扩展与优化；全新的 CMP 组件模型和 MDB(消息 Bean)。

(4) 2003 年发布了 J2EE 1.4，大体上的框架和 J2EE 1.3 是一致的，1.4 增加了对 Web 服务的支持，主要是 Web Service，JAX-RPC，SAAJ，JAXR，还对 EJB 的消息传递机制进行了完善(EJB2.1)，部署与管理工具的增强(JMX)，以及新版本的 Servlet 2.4 和 JSP 2.0 使得 Web 应用更加容易。

(5) Java EE 5 拥有许多值得关注的特性，其中之一就是新的 Java Standard Tag Library (JSTL) 1.2 规范。JSTL 1.2 的关键是统一表达式语言，它允许我们在 JavaServer Faces (JSF)

中结合使用 JSTL 的最佳特性。

（6）Java SE 6 的最终正式版于 2006 年底发布，代号 Mustang(野马)。跟 Tiger(Java SE 5) 相比，Mustang 在性能方面有了不错的提升。与 Tiger 在 API 库方面的大幅度加强相比，虽然 Mustang 在 API 库方面的新特性显得不太多，但是也提供了许多实用和方便的功能：在脚本，Web service，XML，编译器 API，数据库，JMX，网络和 Instrumentation 方面都有不错的新特性和功能加强。

Sun 公司针对不同的开发应用设计了不同版本：

- J2SE(Java 2 Standard Edition，标准版)，是通常用的一个版本，从 JDK 5.0 开始，改名为 Java SE。
- J2EE(Java 2 Enterprise Edition，企业版)，这种 JDK 用于开发 J2EE 应用程序，从 JDK 5.0 开始，改名为 Java EE。
- J2ME(Java 2 Micro Edition，微模式版)，主要用于移动设备、嵌入式设备上的 Java 应用程序开发，从 JDK 5.0 开始，改名为 Java ME。

11.1.2　JDK 的安装

作为 Java 语言的 SDK，普通用户并不需要安装 JDK 来运行 Java 程序，而只需要安装 JRE(Java Runtime Environment)，程序开发者则必须安装 JDK 以编译、调试程序。最新的 J2SDK 的安装包，可以从 Sun 公司网站免费下载和使用，以下是 J2SDK 1.6 在 Windows 环境下的安装过程。

首先，在执行 J2SDK 安装程序，弹出一个位于当前屏幕中心的的小窗口，显示安装许可证协议界面，可以阅读 Sun 公司关于该 J2SDK 的协议，如图 11-1 所示。

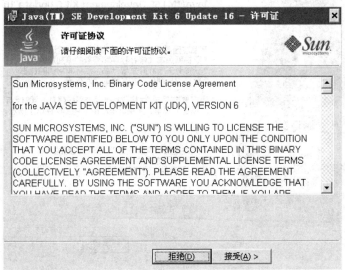

图 11-1　J2SDK 安装协议

接受安装协议后，进入安装内容选择界面，如图 11-2 所示。可以看到选择内容有两个部分：一是安装的目录，默认在 C:\Program Files\Java\ 目录下，可以进行更改；二是安装的内容，如果是要开发用，必须选择其中的"开发工具"，如果仅需要运行，必须选择其中的"公共 JRE"。其余不建议安装，安装的帮助可以通过界面右侧的"功能说明"查看。

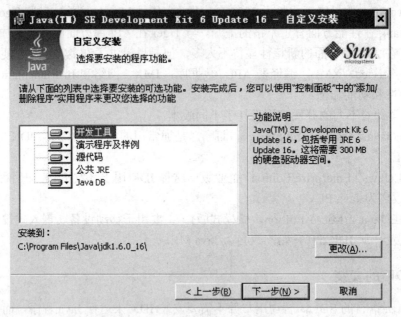

图 11-2　J2SDK 自定义安装界面

J2SDK 的安装过程非常简单和节省时间，确定安装内容后进入自动安装过程，大概花费 5 分钟时间，安装结束。安装成功则显示提示界面，如图 11-3 所示。

图 11-3　J2SDK 安装成功界面

安装成功后，可以在指定的安装路径中看到目录结构，如图 11-4 所示。从该图中，可以发现 J2SDK 可以同时存在多个不同的版本，分别在不同的目录中。本节介绍安装的是 J2SDK 的 1.6.0_16 版本，该版本中存在如图 11-4 所示的子目录。其中，bin 目录中存放各类可执行程序，include 和 lib 目录中存放各类开发类库包。

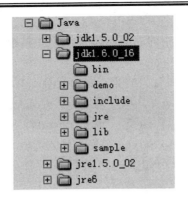

图 11-4 J2SDK 安装目录结构

JDK 包含了一批用于 Java 开发的组件，均包含在子目录 bin 中，包括：
- Javac：编译器，将后缀名为 .java 的源代码编译成后缀名为 .class 的字节码。
- Java：运行工具，运行 .class 的字节码。
- Jar：打包工具，将相关的类文件打包成一个文件。
- Javadoc：文档生成器，从源码注释中提取文档，注释需符合规范。
- jdb debugger：调试工具。
- jps：显示当前 Java 程序运行的进程状态。
- javap：反编译程序。
- appletviewer：运行和调试 applet 程序的工具，不需要使用浏览器。
- javah：从 Java 类生成 C 头文件和 C 源文件。这些文件提供了连接方法，使 Java 和 C 代码可进行交互。
- javaws：运行 JNLP 程序。
- extcheck：一个检测 jar 包冲突的工具。
- apt：注释处理工具。
- jhat：Java 堆分析工具。
- jstack：栈跟踪程序。
- jstat：JVM 检测统计工具。
- jstatd：jstat 守护进程。
- jinfo：获取正在运行或崩溃的 Java 程序配置信息。
- jmap：获取 Java 进程内存映射信息。
- idlj：IDL-to-Java 编译器将 IDL 语言转化为 java 文件。
- policytool：一个 GUI 的策略文件创建和管理工具。
- jrunscript：命令行脚本运行。

JDK 中还包括完整的 JRE(Java Runtime Environment，Java 运行环境，也被称为 Private Runtime)，包括了用于产品环境的各种库类，如基础类库 rt.jar，以及给开发人员使用的补充库，如国际化与本地化的类库、IDL 库等等。

基础的 Java 编程，常用的类库包：
- java.lang：这个是系统的基础类，比如 String 等都是这里面的，这个包是唯一一个可以不用引入(import)就可以使用的包。

- java.io：这里面是所有与输入/输出有关的类，比如文件操作等。
- java.nio：为了完善 io 包中的功能，提高 io 包中性能而写的一个新包，例如 NIO 非堵塞应用。
- java.net：这里面是与网络有关的类，比如 URL、URLConnection 等。
- java.util：这个是系统辅助类，特别是集合类 Collection、List、Map 等。
- java.sql：这个是数据库操作的类，如 Connection、Statement、ResultSet 等。
- javax.servlet：这个是 JSP、Servlet 等使用到的类。

安装 J2SDK 后，还需要进行一定运行环境配置。

在 Windows 系统下，置运行环境参数：

如果是 Windows 95/98，在\autoexec.bat 的最后面添加如下 3 行语句：

  set Java_HOME=c:\jdk1.6.0_21\

  set PATH=%Java_HOME%\bin;%PATH%

  set CLASSPATH=.;%Java_HOME%\lib

如果是 Windows 2000、XP 或 Win 7 系统，使用鼠标右击"我的电脑"->属性->高级->环境变量，所打开界面如图 11-5 所示。

系统变量->新建->变量名：Java_HOME　　变量值：c:\jdk1.6.0_21\

系统变量->新建->变量名：classpath　　变量值：.;%Java_HOME%\lib\dt.jar;%Java_HOME%\lib\tools.jar;

系统变量->编辑->变量名：Path　　在变量值的最前面加上：%Java_HOME%\bin;

图 11-5　配置 JDK 运行环境变量

在编辑 Java 程序时，由于 JSDK 的版本升级原因，在编译某些例程时，可能会遇到所使用的 API 类库过期的提示，即该 API 类已经被更新了，而当前程序中仍然在使用旧的 API 类，提示信息如图 11-6 所示。

```
Note: D:\SimpleServer.java uses or overrides a deprecated API.
Note: Recompile with -Xlint:deprecation for details.
```

图 11-6 API 过期提示

遇到这种情况，按照提示信息，在命令行模式下，重新编译程序，将得到详细的信息。在 Windows 下，进入 CMD 模式，执行如下命令：

  javac SimpleServer.java –Xlint:deprecation

可得到已过期的类或者是方法的提示，如图 11-7 所示，说明是 IO 中 DataInputStream 类的 readLine()方法已经过期了，该方法将会在以后的 JSDK 中被放弃。

```
D:\>javac SimpleServer.java -Xlint:deprecation
SimpleServer.java:37: 警告: [deprecation] java.io.DataInputStream 中的 readLine(
) 已过时
                while((inputLine = in.readLine()) != null){  //接受网络数据
                                      ^
SimpleServer.java:40: 警告: [deprecation] java.io.DataInputStream 中的 readLine(
) 已过时
                outputLine = stdIn.readLine();    //接受键盘输入
                                   ^
2 警告
```

图 11-7 DataInputStream 的方法过期提示

11.2 JCreator

11.2.1 JCreator 介绍

  JDK 的编程环境要求很低，只需要可以进行文字编辑的软件工具，类似 Windows 中提供的文本编辑器即可。

  本节将介绍 JCreator。JCreator 是一个用于 Java 程序设计的集成开发环境，具有编辑、调试、运行 Java 程序的功能。当前最新版本是 JCreator 5.00，它又分为 LE 和 Pro 版本。LE 版本功能上受到一些限制，是免费版本。Pro 版本功能最全，但这个版本是一个共享软件，需要注册。这个软件比较小巧，对硬件要求不是很高，完全采用 C++ 编写，速度快、效率高。

  JCreator Pro 版是一款适合于各个 Java 语言编程开发人员的 IDE 工具，具有语法着色、代码自动完成、代码参数提示、工程向导、类向导等功能。它为使用者提供了大量强劲的功能，例如：项目管理、工程模板、代码完成、调试接口、高亮语法编辑、使用向导以及完全可自定义的用户界面。

  JCreator 的特点有：

  (1) 可无限撤销、代码缩进、自动类库方法提示、按所选智能定位查阅 JavaAPI 文档等功能；

  (2) 新版采用仿 VS2005 界面设计，体验感觉更快更好更易用；

  (3) 支持 JSP、Ant、CVS；

  (4) 小巧、易用、美观。

  由此可见，JCreator 是 Java 初级程序员的理想 IDE。

11.2.2 JCreator 安装

从 JCreator 公司下载安装软件，当前最新版本是 JCreator 5.00。执行安装程序，首先进入安装协议界面，如图 11-8 所示。

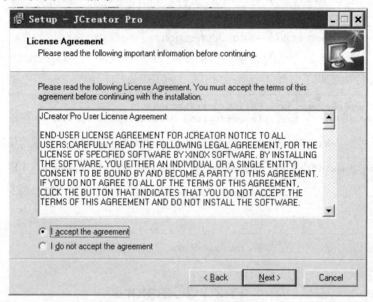

图 11-8 JCreator 安装协议界面

选择接受安装协议，进入下一界面，设置安装的路径。默认是在 C:\Program Files\Xinox Software\JCreator 目录下，可进行更改，如图 11-9 所示。

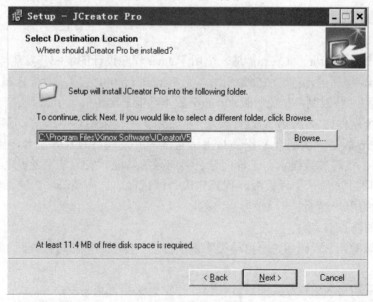

图 11-9 安装路径选择

点击"Next"，即开始自动安装，JCreator 安装所需要的存储空间很小，大概 11.4MB，在 2 分钟之内完成安装。

第一次启动 JCreator 时，需要进行一些设置，如关联编辑的文件，提示设置 JavaJDK 主目录及 JDKJavaDoc 目录，软件自动设置好类路径、编译器及解释器路径，还可以在帮助菜单中使用 JDKHelp。JCreator 可以关联五类文件，包括 jcw、jcp、java、jsp、xml 等，如图 11-10 所示。

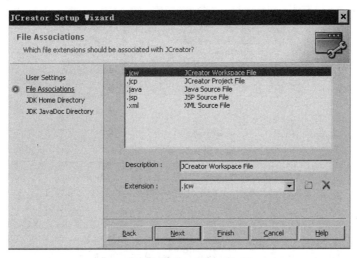

图 11-10　关联可编辑的文件类型

接下来设置编译程序所需要的 JSDK 路径，因为 JCreator 仅提供一个程序编辑环境，所以需要连接外部的 J2SDK 编译路径。J2SDK 的安装方法上一节内容中已经介绍。如果在计算机上安装了多个版本的 J2SDK，可以通过"Browse"进行选择，如图 11-11 所示。

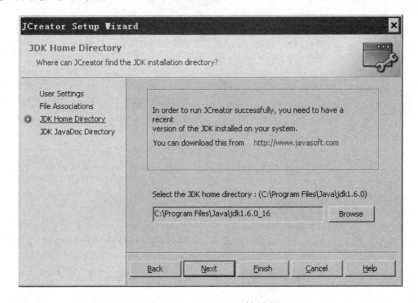

图 11-11　J2SDK 环境设置

编辑环境安装完毕，首先利用一个小程序来测试安装的结果。选择"运行"菜单的"File" -> "New"选项，在出现的如图 11-12 所示的界面中选择"Java Classes" -> "Java Class"创建一个新的程序。

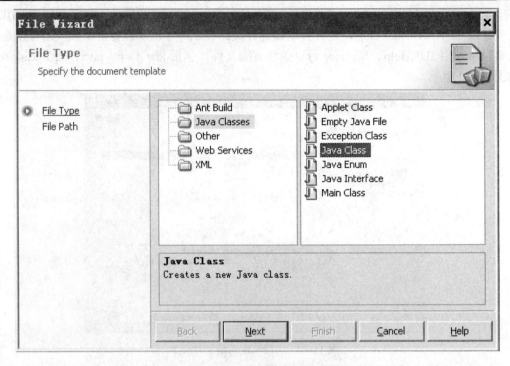

图 11-12 选择新程序的类型

单击"Next",在出现的如图 11-13 所示的界面中输入新程序的名称和存储的路径。

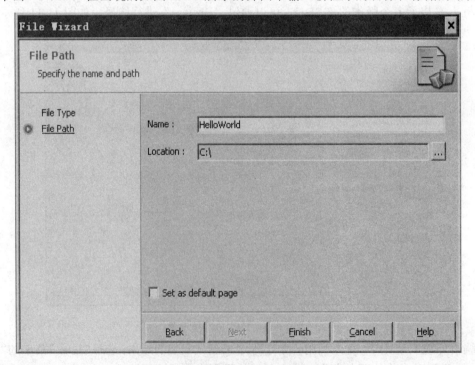

图 11-13 设置新程序的名称和存储路径

打开编辑界面,输入程序,如图 11-14 所示。

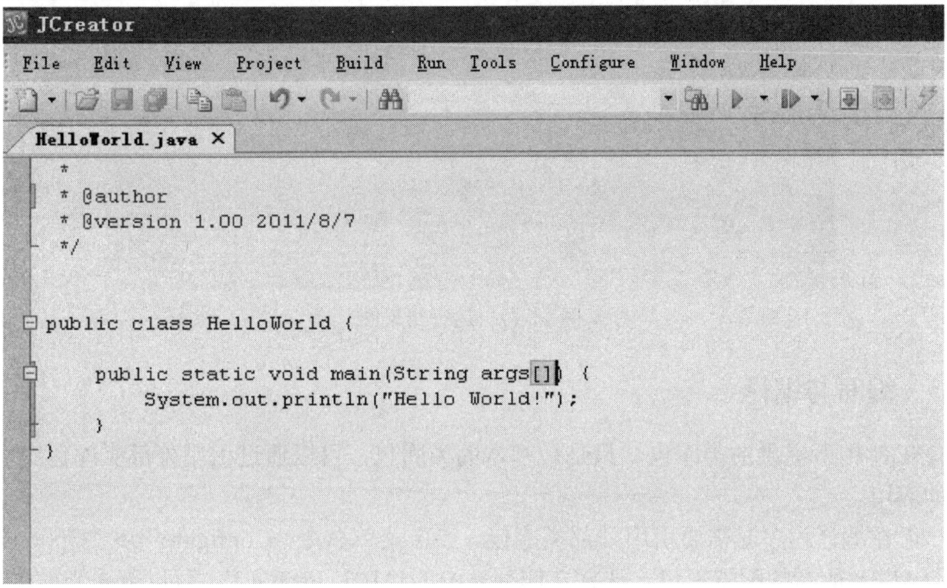

图 11-14 测试编辑环境程序

输入完毕，编辑程序。选择菜单命令"Build" -> "Build File"，或者点击快捷按钮 ，执行程序编译。如果程序在录入时有错误，例如：println 写成 printl，少了字母 n，则显示错误，并指出错误所在的程序与行号，如图 11-15 所示。

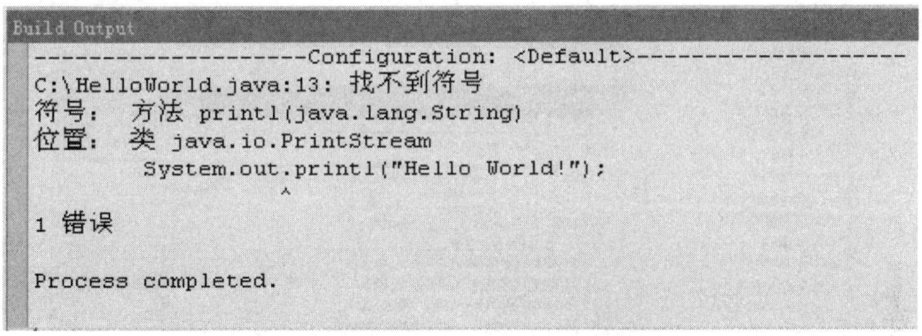

图 11-15 编译时错误的提示信息

如果编译成功，则显示"Process completed"信息，如图 11-16 所示。

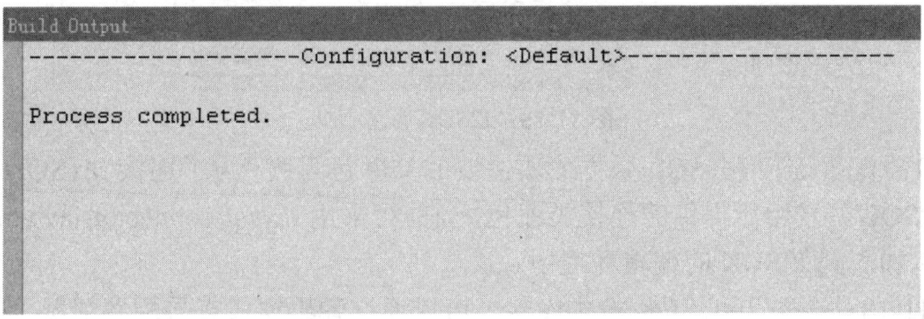

图 11-16 程序编译成功

编译成功，则生成后缀为.class 的二进制文件，就可以执行程序。选择菜单命令"Run" -> "Run Files"或者按快捷按钮 ，执行程序。运行结果如图 11-17 所示。

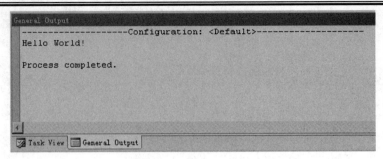

图 11-17　运行结果图

11.2.3　编写与编译

J2SDK 中所提供的类库包，只是最基本的类库包，可以通过引用外部类库包实现更加复杂的应用。

一般在编译程序时需要引用外部类库包，点击菜单命令"Configure"->"Options"，弹出如图 11-18 所示的配置窗口，选择左侧列表中的"JDK Profiles"，可以查看当前 JCreator 所配置的 J2SDK 信息，选择需要查看内容，然后点击右侧"Edit"按钮，可显示类库包包含的内容。

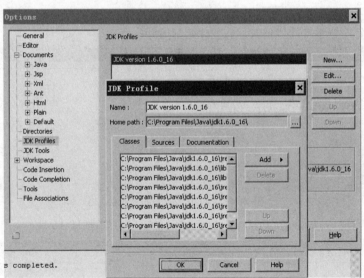

图 11-18　J2SDK 配置情况

以第 9 章配置连接 MySQL 数据库所需要的类库包为例。为了连接 MySQL 数据库，需要使用 MySQL 开发组所提供的连接类库包，当前可采用 mysql-connector-java-5.1.7-bin.jar，将该类库包加入到 J2SDK 的编辑环境中。

在图 11-18 中，打开 J2SDK 的类库包，可以通过弹出窗口查看配置情况。为了实现对 MySQL 数据库的访问，需要在该配置中增加新的类库包。点击弹出窗口右侧按钮"Add"，出现副按钮，里面有两个选项：

- "Add Path"：增加一个路径，如果一次要增加多个类库包，且这些包文件保存在同一路径下，按此方法一次性增加完毕。

- "Add Archive"：增加一个压缩包。

因为 mysql-connector-java-5.1.7-bin.jar 是单个文件，所以选择增加一个压缩包。打开文件选择窗口，如图 11-19 所示。

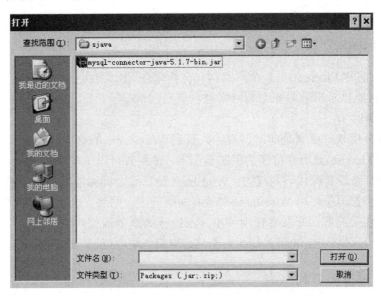

图 11-19　增加一个类库包界面

选择返回后，选中的类库包路径出现在编译环境中，如图 11-20 所示。

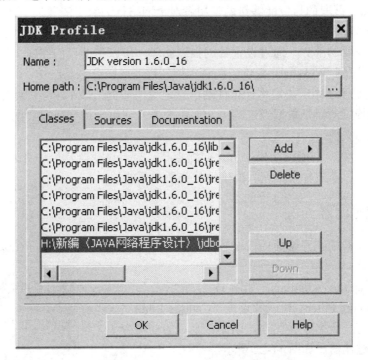

图 11-20　增加了类库包的编译环境

此时，JCreator 就可以正常编译连接 MySQL 数据库的 Java 程序了。

11.3 Wireshark

11.3.1 Wireshark 介绍

Wireshark(前称 Ethereal)是一个网络封包分析软件。网络封包分析软件的功能是截取网络封包,并尽可能显示出最为详细的网络封包资料。2006 年 6 月,因为商标的问题,Ethereal 更名为 Wireshark。

网络封包分析软件原来是非常昂贵的,直到 Wireshark 的出现。在 GNU GPL,GNU General Public License)通用许可证的保障范围下,使用者可以免费取得 Wireshark 软件与其源代码,并拥有修改其源代码的权力。Wireshark 是目前全世界使用最广泛的网络封包分析软件之一。网络管理员使用 Wireshark 来检测网络问题,网络安全工程师使用 Wireshark 来检查信息安全相关问题,开发者使用 Wireshark 来为新的通信协定除错,普通使用者使用 Wireshark 来学习网络协定的相关知识,当然,也有"居心叵测"的人会用它来寻找一些敏感信息。

Wireshark 不是入侵侦测软件(Intrusion Detection Software,IDS)。对于网络上的异常流量行为,Wireshark 不会产生警示或是任何提示。Wireshark 不会对网络封包产生内容的修改,它只会反映出目前流通的封包信息。Wireshark 本身也不会送出封包至网络上。通过仔细分析 Wireshark 截取的封包能够帮助使用者对于网络行为有更清楚的了解。

使用 Wireshark 最常见的问题,是使用默认设置时,可能会得到大量冗余信息,以至于很难从中找到需要的部分。通过设置数据报过滤器,可以帮助我们在庞杂的结果中迅速找到我们需要的信息。Wireshark 提供了两种类型的过滤器,分别是:

● 捕捉过滤器:用于决定将什么样的信息记录在捕捉结果中。该过滤器需要在开始捕捉前设置。捕捉过滤器是数据经过的第一层过滤器,它用于控制捕捉数据的数量,以避免产生过大的日志文件。

● 显示过滤器:在捕捉结果中进行详细查找。显示过滤器是一种更为强大(复杂)的过滤器,它可以在日志文件中迅速、准确地找到所需要的记录。

11.3.2 捕捉过滤器

捕捉过滤器必须在开始捕捉前设置完毕,设置捕捉过滤器的步骤是:

(1) 选择 capture -> options,如图 11-21 所示。

填写 "Capture Filter" 栏或者点击 "Capture Filter" 按钮为过滤器起一个名字并保存,以便在今后的捕捉中继续使用这个过滤器,如图 11-22 所示。

图 11-21 步骤一

第 11 章 常用工具

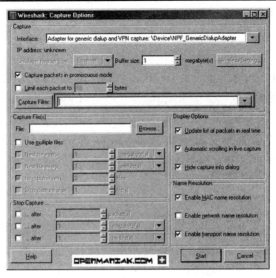

图 11-22 步骤二

(2) 点击"Start"进行捕捉。

例如，设置的捕捉语句如表 11-1 所示。

表 11-1 捕捉过滤器捕捉语句设置示例

语法	Protocol	Direction	Host	Value	Logical Operations	Other Expression
示例	TCP	dst	10.1.1.1	80	and	TCP dst 10.2.2.2 3128

● Protocol(协议)：可能的值为 ETHER、FDDI、IP、ARP、RARP、DECNET、LAT、SCA、MOPRC、MOPDL、TCP and UDP。如果没有特别指明是什么协议，则默认使用所有支持的协议。

● Direction(方向)：可能的值为 src、dst、src and dst、src or dst。如果没有特别指明来源或目的地，则默认使用"src or dst"作为关键字。

例如，"host 10.2.2.2"与"src or dst host 10.2.2.2"是一样的。

● Host(s)：可能的值为 net、port、host、portrange。如果没有指定此值，则默认使用"host"作为关键字。

例如，"src 10.1.1.1"与"src host 10.1.1.1"相同。

● Logical Operations(逻辑运算)：可能的值为 not、and、or。否("not")具有最高的优先级。或("or")和与("and")具有相同的优先级，运算时从左至右进行。

例如，

"not tcp port 3128 and tcp port 23"与"(not tcp port 3128) and tcp port 23"相同。

"not tcp port 3128 and tcp port 23"与"not (tcp port 3128 and tcp port 23)"不同。

以下为例子：

● tcp dst port 3128：显示目的 TCP 端口为 3128 的封包；
● ip src host 10.1.1.1：显示来源 IP 地址为 10.1.1.1 的封包；
● host 10.1.2.3：显示目的或来源 IP 地址为 10.1.2.3 的封包；

- src portrange 2000-2500：显示来源为 UDP 或 TCP，并且端口号在 2000 至 2500 范围内的封包；
- not imcp：显示除了 icmp 以外的所有封包(icmp 通常被 ping 工具使用)；
- src host 10.7.2.12 and not dst net 10.200.0.0/16：显示来源 IP 地址为 10.7.2.12，但目的地不是 10.200.0.0/16 的封包；
- (src host 10.4.1.12 or src net 10.6.0.0/16) and tcp dst portrange 200-10000 and dst net 10.0.0.0/8：显示来源 IP 为 10.4.1.12 或者来源网络为 10.6.0.0/16，目的地 TCP 端口号在 200 至 10000 之间，并且目的地位于网络 10.0.0.0/8 内的所有封包。

11.3.3 显示过滤器

通常经过捕捉过滤器过滤后的数据还是很复杂。此时可以使用显示过滤器进行更加细致的查找。它的功能比捕捉过滤器更为强大，而且在修改过滤器条件时，并不需要重新捕捉一次。例如，设置的显示语句如表 11-2 所示。

表 11-2 显示过滤器显示语句设置示例

语法	Protocol	String1	String2	Comparsion Operator	Value	Logical Operations	Other expression
示例	FTP	passive	IP	==	10.2.3.4	xor	ICMP.type

Protocol(协议)：可以使用大量位于 OSI 模型第 2 至 7 层的协议。点击"Expression..."按钮后，可以看到它们(例如：IP，TCP，DNS，SSH)，如图 11-23～图 11-25 所示。

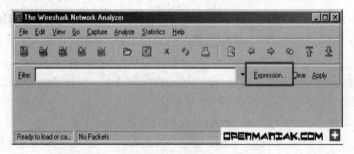

图 11-23 表达式按钮

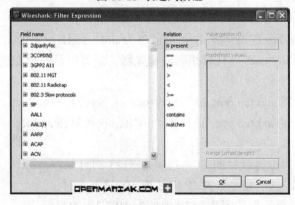

图 11-24 表达式界面

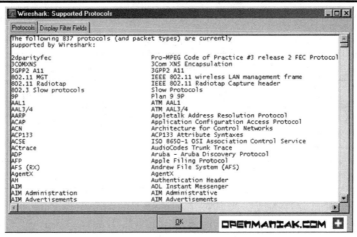

图 11-25 可使用协议说明

String1, String2 (可选项)：协议的子类。点击相关父类旁的 "+" 号，然后选择其子类，如图 11-26 所示。

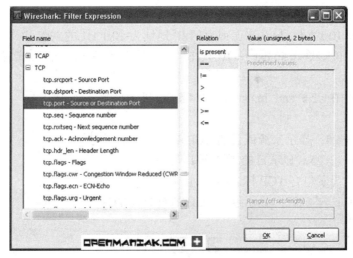

图 11-26 协议使用

Comparison operators (比较运算符)：可以使用 6 种比较运算符，如表 11-3 所示。

表 11-3 比较运算符

英文写法	C 语言写法	含　义
eq	==	等于
ne	!=	不等于
gt	>	大于
lt	<	小于
ge	>=	大于等于
le	<=	小于等于

Logical expressions(逻辑运算符)：可以使用 4 种逻辑运算符，如表 11-4 所示。

表 11-4 逻辑运算符

英文写法	C 语言写法	含 义
and	&&	逻辑与
or	||	逻辑或
xor	^^	逻辑异或
not	!	逻辑非

逻辑异或是一种排除性的或。当其被用在过滤器的两个条件之间时，只有当且仅当其中的一个条件满足时，这样的结果才会被显示在屏幕上。例如：需要显示目的 TCP 端口为 80 或者来源于端口 1025(但又不能同时满足这两点)的封包，则条件设置如下：

"tcp.dstport 80 xor tcp.dstport 1025"

以下为例子：

- snmp || dns || icmp：显示 SNMP 或 DNS 或 ICMP 封包。
- ip.addr == 10.1.1.1：显示来源或目的 IP 地址为 10.1.1.1 的封包。
- ip.src != 10.1.2.3 or ip.dst != 10.4.5.6：显示来源不为 10.1.2.3 或者目的不为 10.4.5.6 的封包。
- ip.src != 10.1.2.3 and ip.dst != 10.4.5.6：显示来源不为 10.1.2.3 并且目的 IP 不为 10.4.5.6 的封包。
- tcp.port == 25：显示来源或目的 TCP 端口号为 25 的封包。
- tcp.dstport == 25：显示目的 TCP 端口号为 25 的封包。
- tcp.flags：显示包含 TCP 标志的封包。
- tcp.flags.syn == 0x02：显示包含 TCP SYN 标志的封包。

习 题 11

1. 请从 www.oracle.com 网站上下载最新的 Java 开发工具包 JSDK 和相关文档，查看该 JSDK 较以前版本有何更新。

2. 常用的 Java 源程序编辑软件有 JCreator、JBuilder 和 Eclipse，请自行下载和安装，并掌握它们各自的特点。

3. 常用的网络监听软件有 wireShark、sniffer 等，请自行下载和安装，实现对局域网中的数据流量信息的监听。

参 考 文 献

[1] 张白一. Java 程序设计教程. 西安：西安电子科技大学出版社，2009.
[2] 赵莉. Java 程序设计教程. 西安：西安电子科技大学出版社，2009.
[3] 朱晓龙. Java 程序设计语言. 北京：北京邮电大学出版社，2011.
[4] 孙卫琴. Java 网络编程精解. 北京：电子工业出版社，2007.
[5] Bruce Eckel. Java 编程思想. 陈昊鹏，译. 北京：机械工业出版社，2007.
[6] Peter val der Linden. Java2 教程. 邢国庆，译. 北京：电子工业出版社，2005.
[7] 盛华. Java 网络编程实用精解. 北京：机械工业出版社，2009.
[8] 卡尔弗特. Java TCP/IP Socket 编程. 周恒民，译. 北京：机械工业出版社，2007.
[9] 殷兆麟. Java 网络高级编程. 北京：清华大学出版社，2005.
[10] 哈诺德. Java 网络编程. 朱涛江，译. 北京：中国电力出版社，2005.
[11] 孙一林. Java 网络编程实例. 北京：清华大学出版社，2003.
[12] Paul Hyde. Java 线程编程. 周良忠，译. 北京：人民邮电出版社，2003.
[13] 飞思科技产品研发中心. Java TCP/IP 应用开发详解. 北京：电子工业出版社，2002.
[14] 金勇华. Java 网络高级编程. 北京：人民邮电出版社，2001.
[15] 多纳休. Java 数据库编程宝典. 甄广启，译. 北京：电子工业出版社，2003.